U0298884

动态信任关系建模方法及其应用

李 峰 鲁 宁 著

东北大学出版社

·沈 阳·

© 李 峰 鲁 宁 2019

图书在版编目（CIP）数据

动态信任关系建模方法及其应用／李峰，鲁宁著

．— 沈阳：东北大学出版社，2019.12

ISBN 978-7-5517-2309-1

Ⅰ．①动… Ⅱ．①李… ②鲁… Ⅲ．①互联网络—系

统建模—研究 Ⅳ．①TP393.4

中国版本图书馆 CIP 数据核字（2020）第 005156 号

内容简介

　　信任管理和评估技术是解决开放互联网安全问题的重要手段，是系统的安全防护和实体跨域协作的有效保障，对于实现高可信的网络服务环境和计算环境具有重要的理论意义和现实意义，已经成为当前新一代互联网技术研究的重要内容。本书首先介绍了信任与信任管理技术的基本概念、多维信任证据模型以及不同信任证据的收集方式等信任建模的基础知识。然后阐述了设计信任模型需要满足的一些基本原则，构建了直接信任和推荐信任相结合的信任评估总体框架。分析了信任模型需要动态感知的因素，设计了一种基于交互感知的动态自适应的信任评估方法。最后介绍了在一些实际场景中的应用，包括在 Web 服务推荐领域如何推荐可信的服务，在移动机会网络安全路由方面如何构建可信路由表等。

　　本书全面、系统地展示了动态信任管理和建模方法的最新成果及其具体应用，具有完整性、实用性和学术性。适合开放互联网安全领域的教学、科研工作和工程应用参考。可以作为博士研究生和硕士研究生阶段的"可信计算""信任管理""信任计算"等课程的教材使用，也可以作为大学高年级本科生"网络与信息安全"课程的辅助教材，还是研究生和高校教师从事"网络安全""可信计算""信任管理"等方向研究的教学和科研参考书。

出 版 者：东北大学出版社
　　　　　　地址：沈阳市和平区文化路三号巷 11 号
　　　　　　邮编：110819
　　　　　　电话：024-83680176（市场部） 83680267（社务部）
　　　　　　传真：024-83680176（市场部） 83680265（社务部）
　　　　　　网址：http://www.neupress.com
　　　　　　E-mail：neuph@neupress.com
印 刷 者：沈阳市第二市政建设工程公司印刷厂
发 行 者：东北大学出版社
幅面尺寸：170mm×240mm
印　　张：9.5
字　　数：201 千字
出版时间：2019 年 12 月第 1 版
印刷时间：2019 年 12 月第 1 次印刷
策划编辑：汪子珺　　　　　　　　　　　　　责任编辑：石玉玲
责任校对：李 佳　　　　　　　　　　　　　封面设计：潘正一

ISBN 978-7-5517-2309-1　　　　　　　　　定 价：49.00 元

前　言

随着各种新型互联网计算模式的发展，Internet 成为了一个大规模的网络应用支撑平台和基础设施，其中各种资源与环境具有异构性、动态性、分布性、自治性和多管理域等特征，许多互联网应用系统的构建依赖于自治实体的有效协作，然而，在这样的环境下请求其他实体提供安全、可靠的服务，面临着更加严峻的安全技术挑战。

动态信任建模和管理技术是在传统的基于身份可信的网络安全基础上，增加了行为可信的网络安全新技术，强化了对网络实体行为状态的动态收集、评估和推理，是一种相对柔性的"软安全"度量机制，通过对实体行为的信任评估来动态地建立和演化实体间的信任关系，为这类系统的安全防护和实体跨域协作提供了有效的保障，已经成为当前新一代互联网技术研究的热点，受到了学术界和工业界的日益关注。但是，现有信任建模和评估技术在如何获取充分的主客观信任证据、如何准确地评估实体间的信任关系、如何实现模型的交互感知和动态自适应的能力及如何提高模型的鲁棒性等方面还存在不足之处。

著者在动态信任管理和建模领域进行了一系列深入而系统的研究工作，本书主要对多维信任证据建模及其证据收集机制、信任等级及其评估规则、信任评估的整体框架和信任评估的建模方法、协同作弊行为的防御机制、信任模型的具体应用等进行全面、深入的阐述，书中绝大部分内容取材于著者近期在国际、国内高端学术期刊和重要国际会议发表的论文，全面展示了大量关于动态信任关系建模和管理方面最新的科研成果，具有很高的学术参考价值。

本书主要对动态信任关系建模和管理技术及其应用进行介绍，在结构上

1

分为 6 章。

第 1 章是信任概述。首先阐述信任与信任管理技术的基本概念，然后介绍信任关系的类别和划分方法，给出信任模型的定义、建模和评估的基本方法与原理，最后介绍信任信息常见的存储机制，分析各种方法的优缺点。

第 2 章为多维信任证据模型及收集机制。通过全面深入地分析反映网络实体行为信任的证据信息，构建了一个多维的信任证据模型，为网络实体的信任评估提供一种证据标准和规范。给出基于信任树搜索的推荐证据收集机制和基于行为监测的交互证据收集机制，为信任证据收集提供了相应的技术支持。

第 3 章为基于实体上下文和时间戳的多维信任模型。首先分析了信任模型设计需要满足的一些基本原则，给出了一个直接信任和推荐信任相结合的信任评估框架。然后详细介绍了模型的形式化表示和评估方法，建立了一个离散的粒度为 8 的信任等级模型，将实体上下文和时间戳因素引入信任评估方法中，给出了基于多维证据的交互满意度评估方法、基于满意度迭代的直接信任度评估方法、基于推荐可靠度的推荐信任度聚合方法。最后给出了信任评估方法的相关算法并对算法进行了分析。

第 4 章为基于交互感知的动态自适应的信任评估方法。针对已有信任模型交互感知能力不足的问题，分析了模型需要动态感知的一些因素，将其应用到信任评估中，提出了一种交互感知的动态自适应的信任评估方法，包括动态自适应的总体信任度评估方法、基于实体稳定度的直接信任度评估方法、基于推荐实体熟悉度的综合推荐信任聚合方法。对模型的属性进行了分析，给出了一种分布式的信任信息存储机制。

第 5 章为信任模型在 Web 服务推荐中的应用。为了解决 Web 服务推荐中服务信任度准确评估和推荐用户搜集的问题，将信任模型应用到 Web 服务推荐中，给出了一种基于信任模型的 Web 服务推荐方法，并设计和实现了一个 Web 服务推荐平台的原型系统。

第 6 章为基于信任机制的机会网络安全路由决策方法，主要介绍了如何在动态的网络中便捷地、安全可靠地采集信任证据，以及如何构建可信路由表和制定基于信任的安全路由策略。

本书具有以下鲜明特色。

（1）完整性。内容丰富全面，结构合理，体系完整，将动态信任关系建模、评估和管理的 5 个方面，即多维信任证据建模及其证据收集机制、信任等级及其评估规则、信任评估的整体框架和信任评估的建模方法、协同作弊行为的防御机制、信任模型的具体应用等，进行全面和系统的介绍。

（2）实用性。本书所建立的理论将适用于各种互联网计算模式下应用系统的安全需求，包括服务计算、普适计算、云计算、虚拟计算、协同计算和机会网络中，在书中给出了一些具体的应用实例，具有很强的实用性。

（3）学术性。本书具有一定的理论高度和学术价值，书中绝大部分内容取材于著者近期在国际、国内高端学术期刊和重要国际会议发表的论文，全面展示了大量关于动态信任关系建模和管理方面最新的科研成果，具有很高的学术参考价值。

著者的研究工作得到国家自然科学基金项目（61300193、61772450）、河北省自然科学基金项目（F2015501105、F2019203287、F2017203307）、中国博士后科学基金（2018M631764）的资助，在此表示深深的谢意！

感谢燕山大学申利民教授、东北大学刘杰民教授，以及陈真、尤殿龙、马川、兰宇晴等老师和同学在本书的写作过程中提出了大量细致而宝贵的意见，在此表示衷心的感谢！

由于著者水平所限，加之动态信任管理和评估技术的研究仍处于不断深入过程中，新的研究成果不断涌现，书中错误或不足之处在所难免，恳请专家、读者予以指正。

著　者

2019 年 9 月于东北大学秦皇岛分校

目　录

1 信任概述

信任作为一种自然属性，极大地促进了人类社会和谐健康的发展。而在计算机领域，一个安全稳定的网络计算环境同样依赖实体之间建立的信任关系，因为信任作为一种"软安全"机制能够有效地辅助网络实体选择自己可信的实体进行协作和请求服务，从而可以提高网络实体之间协作和服务请求的成功率，保障互联网应用的安全性和可靠性。本章将从信任的属性和类别、信任关系建模方法、信任的表示方法和语义、信任的评估方法及信任信息的存储机制等方面介绍相关的技术和理论知识。

1.1 信任

1.1.1 信任的概念

"信任"一词是多学科中的术语，涉及社会学、心理学、管理学、经济学、组织行为学、计算机科学和电子商务等领域。由于各学科不同的研究背景和视角，对信任的定义和理解存在一定的差别，并没有形成一个各学科都比较认可的概念。

在计算机科学领域中，早期影响比较广泛的信任概念来自学者 Grandison 和 Sloman 在 2000 年给出的信任定义，他们对已有各种形式的信任概念进行综合分析后，将其定义为"信任是对某个实体在特定上下文条件下，可靠、安全和可依赖地采取行动的能力的一种坚定信念。"

Grandison 和 Sloman 从实体能力的角度出发，着重强调信任是一个由多种不同属性组成的概念，包括可依赖性、安全性、可靠性、真实性和实时性，需要依据信任所处的特定上下文和环境进行相应的考虑。

2002 年，麻省理工学院的博士 Mui 从信誉的角度对信任的定义：信任是代理基于自身历史经验对其他代理将来行为的主观期望。这个概念对信任的描述侧重于信任的主观性特征，强调信任是一种基于知识和经验的主观判断。

2005 年，德国汉诺威大学的 Olmedilla 从信任关系的角度对信任进行了定义：A 方对 B 方相关服务 X 的信任指的是 A 方对 B 方的一种可以预测的信念，针对的是 B 方能够在特定时间段、特定上下文环境下，与 X 相关的活动中可依赖地加以表现。

另外，国际电信联盟组织（ITUT）推荐标准 X.509 规范中把信任简单定义为"当实体 A 假定实体 B 严格地按 A 所期望的那样行动，则 A 信任 B"，这个概念说明了信任是对目标实体行为的一种假设和期望，具有一定的风险性。

2005 年，国防科技大学的黄辰林在博士论文中将信任定义为"信任是 Trustor 在特定上下文中对于 Trustee 的能力、诚实度、安全性和可靠性的相信程度的量化表示。" 2007 年，西安交通大学的李小勇和桂小林将信任定义为"信任就是相信对方，是一种建立在自身知识和经验基础上的判断，是一种实体与实体之间的主观行为。信任不同于人们对客观事物的相信（believe），而是一种主观判断，所有的信任本质上都是主观的，信任本身并不是事实或者证据而是关于所观察到的事实的知识。"

对计算机领域中的信任还有以下三点理解。

（1）信任是一个逐渐认知的过程，是通过在长期交互或协作过程中不断地积累证据来实现对实体行为的信任。

（2）信任程度受多种因素的影响，如上下文条件、时间、环境、经验、知识、实体之间的熟悉程度、实体的认知能力等。

（3）信任是一种二元关系，是实体依据自身的知识和经验对其他实体的安全、可靠、诚实和能力的信赖程度，但信任关系之间彼此相互影响，一种信任关系的形成是多个相关信任关系传递、推荐等相互作用的结果，如何建立和评估实体间的信任关系是信任研究的重要内容。

在前人的定义和理解的基础上，结合本书讨论问题的背景，在本书中这样界定信任的概念：信任是对实体在特定上下文和环境下，准确、安全、可靠地采取行为的一种可信赖程度。在该定义中信任涵盖了两个层面：一是对服务提供实体的信任，坚定其具有实时提供准确、安全、可靠、稳定服务或资源的行为；二是对服务请求实体的信任，坚定其具有按照某种策略准确、安全地使用服务或资源的行为。本书将重点研究对服务提供实体的信任评估和建模问题。

1.1.2 信任的属性

信任的属性揭示了实体之间信任关系的基本特征，认识这些特征对研究信任所采用的方法起决定性的作用，并且有助于建立良好的信任模型。通过对已有信任研究成果的分析得出，信任主要包括以下属性。

（1）主观性。从社会学的角度看，信任在本质上是一种主观的信念，是评估实体对被评估实体将来行为预期的主观判断，不同评估者有不同的评价和判断标准，即使在相同评价环境和条件下对同一个被评估实体来说，不同评估实体可能给出不同的信任程度，评价的准确度与评估实体自身的知识、经验和能力相关。李小勇认为："信任不同于人们对客观事物的相信（believe），而是一种主观判断，所有的信任本质上都是主观的，信任本身并不是事实或者证据，而是关于所观察到的事实的知识。"因此，在信任建模和评估时，为了提高信任的准确性，应重点考虑评估实体的主观性特征。

（2）不对称性。信任是评估者与被评估者之间的一种二元关系，但这种关系是一种单方面的、不对称的关系，也就是说，评估者信任被评估者，但是被评估者不一定信任评估者，二者并不存在对称的等价关系，这也体现了信任的主观性特征。

（3）动态性。信任的动态性是实体的一种自然属性，信任的动态性是由实体的内因（endogenous factors）和外因（exogenous factors）双重因素决定的，即与实体自身的客观能力有关，也与实体外在的行为表现有关，这两重因素均可以导致信任的动态变化。例如，被评估实体的能力或行为的变化将导致评估实体对其信任的改变。同时，信任还会随着时间、上下文环境及评估者自身经验的积累等因素的变化而动态变化。例如，随着交互次数的增多，评估实体对被评估实体真实行为的认识将逐渐加深，在这个过程中，信任也动态变化。

（4）服务相关性。也被称为上下文相关性，网络中的实体有可能提供多种不同类型的服务，而在请求服务时只请求一个特定需要的服务，因此，信任主要是针对实体提供某种服务的能力而言的，具有服务相关性（即使用上下文相关性）。例如，当对一个实体提供某种特定服务信任时，并不一定对它提供的所有服务都信任。

（5）可度量性。在社会学领域中，信任一般被认为主观的，难以定量、度量的量，但信任往往是有程度和级别之分的；而在计算机和电子商务领域中，通过相应的数学模型或评估方法是可定量、度量的。例如，可以依据评估实体自身的历史交互经验或收集到的信任证据信息，以及预先定义好的信任等级评价标准来定量、度量被评估实体的信任程度，得出一个具体信任级别。

（6）多维性。评估信任的属性一般是多维，往往与被评估实体所表现出的多种属性相关联，对被评估实体的信任程度是一种多维属性综合评价的结果，受多维属性表现结果的影响，在信任建模时，不应只将交互结果作为信任评估的依据，应综合考虑影响信任关系的多种属性的表现结果评估实体的信任度。

（7）时间衰减性。信任与时间因素密切相关，因为信任评估是建立在对目标实体的历史行为表现所观察的基础上的，不同观察时间点所采样的证据信息具有不同的时效性，越早的时间点采样的证据信息对当前实体行为的预测参考价值越低，而越近的时间点采样的证据信息对当前实体行为的预测参考价值越高。因此，所采样信任证据的时效性会随着时间推移呈递减趋势，相应的依据采样的证据所评估的实体信任度也随时间推移动态递减，这也体现了信任动态性的特征。

（8）弱传递性。信任通常情况下不具备完全传递性，也就是说，若 Alice 信任 Bob，Bob 信任 Claire，则不一定得出 Alice 信任 Claire。但是，多数信任研究者认为信任具有一定的弱传递性，Jøsang 在文献中提到"通过一条可传递的信任路径，也可以得出对目标实体的信任关系"，他认为信任的传递性是有条件的，并且在传递过程中具有损失性。例如，只有当 Alice 信任 Bob，Bob 信任 Claire，且 Bob 将对 Claire 的信任信息推荐给 Alice 时，Alice 才能依据 Bob 的推荐信息及自己对 Bob 的信任程度来度量对 Claire 的信任度，并且这个传递过程是有约束条件的，即 Alice 对 Bob 信任，以及 Bob 对 Claire 信任必须具有相同的信任目的，如图 1-1 所示。由此可以看出，信任具有一定的弱传递性，在这个过程中，推荐是信任传递的一种重要方式。

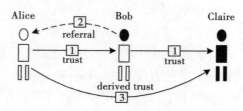

图 1-1　信任传递原理

1.1.3 信任的分类

信任是一种具有特定语义和特定目的的活动，对信任类别的研究将有助于更加准确地理解信任在特定应用环境下的语义，便于针对不同的应用环境，建立相应的信任评估模型。目前，研究者分别依据目的和建立方式的不同对信任的类别进行了论述。

1.1.3.1 按照信任的目的、内容及主客体分类

按照信任的目的、内容及主客体的不同，Jøsang 在 Grandison 和 Sloman 等人提出的分类标准的基础上，将信任划分为提供信任、访问信任、代理信任、身份信任和上下文信任等五大类，如图 1-2 所示。

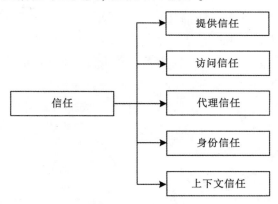

图 1-2 信任分类

（1）提供信任主要描述服务或资源提供者提供可信服务或可靠资源能力的信任程度，其目的是用来辅助用户选择可信的服务提供者接受服务或资源，防止恶意或不可靠服务提供者的攻击，这类信任的研究主要应用于电子商务、Web 服务、网格、P2P、协同推荐等领域。

（2）访问信任主要描述服务或资源请求者安全操作能力的可信程度，类似于传统的访问控制机制，其目的是用来防止恶意或非法的服务请求者对授权者做出破坏性行为，保护系统资源或服务的安全性，其主要应用领域包括访问控制系统、网络资源安全防护、无线传感器网络、Ad hoc 网络等。

（3）代理信任主要应用于多 Agent 系统中，描述一个代理完成其他实体托付给它的任务能力的信任程度，其目的是为了提高多 Agent 交互的可信性，保障基于 Agent 应用的可靠性和安全性。

（4）身份信任也被称为授权信任，主要描述实体身份的可信程度，典型模型有认证授权机制，如 X.509 和 PGP。

（5）上下文信任主要描述实体交互上下文条件的信任程度，用于提高在某种特定条件下交互或协作的安全性，主要应用于关键基础设施、SCADA 系统等领域。

1.1.3.2　按照信任关系建立方式分类

按照信任关系建立方式的不同，Donovan 和 Yolanda 等人将信任分为基于策略的信任和基于行为的信任。基于策略的信任主要依靠可信第三方颁发的证书或依靠预定义的策略协议来建立实体之间的信任关系，这类信任的研究主要包括网络安全证据、信任协商、安全策略和信任语言、分布式信任管理机制等，这类信任属于一种静态的信任机制。而基于行为的信任也被称为声誉信任，强调依靠被评估实体的历史行为表现和第三方实体的推荐信息建立信任关系，通过观察被评估实体最近的行为表现来动态调整信任度，这类信任属于一种动态的信任机制，比较适用于分布式开放网络环境，如互联网计算、云计算、网格计算、P2P 计算、Web 服务等。目前，大部分研究的信任模型都采用基于实体的历史行为来建立实体的信任关系，本书研究的信任模型也采用基于行为的信任关系建立方法。

1.1.3.3　按照信任获得方式分类

在基于实体行为的信任模型中，根据信任关系获得方式的不同，又将信任分为直接信任、推荐信任和综合信任三类。

（1）直接信任是指评估实体通过对目标实体历史行为的满意度判断而直接建立的信任关系，即若评估实体 A 对被评估实体 B 存在直接的历史交互经验，则实体 A 与实体 B 之间存在直接信任关系。相对于其他来源的信任信息，实体会更倾向于依据自己的直接经验对被评估实体做出的信任评价。

（2）推荐信任是指通过第三方推荐实体间接获得的对目标实体的信任关系，也被称为间接信任，即一个实体对另一个实体所推荐的经验信息的可信程度，同样是该实体历史经验的反映。由于实体间的推荐信任关系往往左右着实体的最终评价，特别是对首次参与协作故而不存在直接信任关系的实体来说尤为重要。

（3）综合信任是指依据实体的直接信任和推荐信任综合得出的对被评估实体的信任关系，这种信任关系综合了网络中其他有经验实体的信任观点，具有一定的权威性，能够较准确地为实体提供信任决策。

1.2 信任关系

1.2.1 信任关系建模方法

由信任的属性可知，信任是一种动态的随时间不断演化的关系，评估实体对被评估实体过去信任不代表现在或以后还能对被评估实体信任。因为由实体的动态性可知，被评估实体内因或外因的变化将导致评估实体重新对其信任度进行评估，以及评估实体交互经验的积累也将导致对被评估实体信任度重新评估。在对信任关系建模时，必须考虑信任的这种动态演化性，而且模型具有随时间和上下文变化而重新评估信任的功能。李小勇在文献中给出了信任关系建模的一般方法，他认为动态的信任关系需要建立以下数学模型。

（1）在信任关系建模前，定义信任度的取值范围，即信任度空间，这是信任关系评估和度量的基础，信任度空间既可以是一个模糊逻辑定义的集合，也可以是连续的量或离散的整数值，具体与所采用信任评估方法有关。例如，可以定义信任值为 [0, 1] 上的值，也可以是 [-1, 1] 的值。

（2）确定信任值的获取方式即依据哪些证据度量信任，一般要考虑两种信任值获取方式：直接的信任获取方式和间接的信任获取方式。在直接的信任获取方式中，信任关系是通过评估实体对被评估实体自然属性或行为表现的判断而直接建立的。在网络初始阶段，当对被评估实体完全没有了解时，信任度设置成默认值，如 0.5 或 0；在间接的信任获取方式中，通过第三方的推荐建立信任关系和获取推荐的信任值，推荐信任值的获取要根据建立的推荐信任度计算的数学模型进行计算。

（3）依据确定的信任获取方式对信任进行评估，能够根据时间和上下文的动态变化进行信任度动态更新，在每次交互后，评估实体更新信任信息结构表中对被评估实体的信任值；如果一个交互是满意的，稍微调高直接信任值；如果交互不满意，稍微降低直接信任值。对信任度进行评估时，即使没有发生交互，信任者关于某一被信任者的信任度会随着时间的流逝而改变。

1.2.2 信任关系的表示和语义

作为实体信任观点的表达，如何表示信任将直接影响着实体信任关系评价的结果。目前，信任的表示方法大概有 4 种：一是采用二值逻辑表示法，即将信任程度分为两个等级，通过信任或不信任来表达实体的信任关系；二是采用连续的数值表示法，即在预定的某个值域范围内取一个值表示信任的程度，一般用[0，…，1]或[-1，…，1]来表示信任的值域；三是采用离散级别的数值表示法，即将信任程度划分为不同等级，每个等级赋予一个具体数值对应于某一确切的语义；四是采用模糊数值表示法，即用模糊数学来表达信任关系。

（1）二值逻辑表示法。该方法比较简单，易于理解，容易推理和计算实体间的信任关系，模型有 BAN（ burrows-abadi-needham ）、SPKI 和 X.509。但是，这种方式过于极端化，要么信任实体，要么不信任实体。它将信任的主观性和不确定性等同于随机性，很难精确表达实体的信任关系，大大影响了信任评估的准确性。

（2）连续数值表示法。该方法将信任度进行了量化，采用数学公式计算实体的信任度，这类模型有 Jøsang、EigenTrust，在计算实体信任度时，主要以用户交互成功或失败的反馈经验作为信任证据，采用算数积累法将交互成功次数减去交互失败次数作为局部满意度，然后对局部满意度进行归一化的数值作为实体的信任度，或者采用概率统计法，以先前成功概率作为先验概率来计算下次成功的概率值作为实体的信任度。这类方法只能评价实体交互的成功与否，很难从多个维度评测实体服务的能力，无法给出一个具体的满意度等级，而且计算得出的信任度值没有任何的语义信息，数字缺乏意义，不易于理解。

（3）离散级别数值表示法。将信任程度进行了等级划分，每个等级具有明确的语义信息，分别代表一种信任的程度，这类模型主要有 PGP、CAT、FTM。该方法能够对实体服务的能力给出一个相对精确的评价等级，相对前两种信任度表示方法，在对实体服务能力评估方面精确度更高，并且具有较好的可理解性和操作性。但是，至今为止，还没有一个真正被广泛接纳的信任等级标准，每个模型都建立自己的等级标准，分级粒度和数值均不同。例如，将信任程度划分为 6 个等级：不信任、不确定、最低信任、一般信任、良好信任和完全信任，分别用实数$\{-1，0，1，2，3，4\}$表示，见表 1-1。还有的模型将信任程度划分 4 个等级：非常不可信、不可信、可信和非常可信，分别用实数$\{0，1，2，3\}$进行表示量化。

表 1-1 离散信任值

信任值	意义	说明
-1	不信任	认为是完全不可信的
0	不确定	不确定是否可信
1	最低信任	具有较低的信任值
2	一般信任	具有中等程度信任值
3	良好信任	具有较好的可信性
4	完全信任	认为是非常可信的

（4）模糊数值表示方法。模糊数学信任模型利用模糊数学来表达信任关系，这种表达方式很好地诠释了社会学意义的信任关系的模糊性。

1.3 信任模型

1.3.1 信任模型的概念

通过 1.2 节对信任的概念分析可知，信任涉及实体或服务的诚实性、真实性、能力、可靠性等多个方面，是实体之间的一种可信赖的关系——信任关系，而信任模型则为信任关系的建立、评估和管理提供了一种技术框架，在该框架下描述出实体间的信任关系，并采用量化机制对信任的程度进行了等级划分。与传统的基于身份和凭证的静态信任关系管理不同，信任模型是基于实体在历史交互过程中的行为表现来建立和评估信任关系，强调对实体行为的信任，通过收集主观因素和客观证据的动态变化，以一种及时的方式实现对信任关系的管理和演化。通常，信任模型评估步骤如下。

（1）收集信任证据。目前，大部分模型采用三种证据收集方式：监视实体在交互过程中的行为、采集用户的反馈信息及请求网络中其他用户的推荐信息，信任模型通过这三种方式来获取对目标实体评估的信任证据。

（2）评估实体信任度。依据收集到的信任证据和定义的信任等级空间，采用相应的评估策略或算法计算实体信任度，由于不同模型采用的建模方法和信任表达方式不同，其评估策略、评估方法及评估的准确度存在一定的差异。

（3）选择可信的协作实体。在实体信任度评估的基础上，采用相应的决策函数，选择一个可信或信任度较高的实体进行协作，并通过使用体验对服务结果进行满意度评估，并将结果反馈给信任模型。

（4）调整信任度。依据满意度评估结果，采取惩罚和激励两种措施调整实体信任度的大小，为了激励实体长期稳定的提供满意的服务，模型一般通过在一次协作结束后对提供满意服务的实体增加其信任度，而对提供恶意或虚假服务的实体降低其信任度，用来对其不良行为进行惩罚。

1.3.2　信任模型的现状

1994 年，英国斯特林大学的博士 Marsh 提出了信任度量的数学模型，首次系统论述了信任的形式化问题，对信任内容和信任程度进行了划分，为信任在计算机领域尤其是互联网中的应用奠定了坚实基础。1996 年，Blaze 为解决 Internet 上网络服务的安全问题，提出了"信任管理（trust management）"概念，并首次将信任管理机制引入分布式系统之中。此后，学者围绕如何更为合理、高效、准确地刻画网络实体的信任关系展开了研究，提出了适用于不同网络应用环境的信任模型。

以信任关系的评估方式为依据，现有模型可以划分为全局信任模型和局部信任模型。全局信任模型采用信誉的方式来评估网络实体的信任度，典型代表是 EigenRep 信任模型、基于相似度加权推荐的 SWRTrust 全局信任模型、PETrust 惩罚激励机制及具有激励效果的分布式 P2P 信任管理模型 IMTM，其特征表现为网络中的每个实体都具有唯一的全局信任值，即实体在网络中的信誉值，通过指定的信任管理节点收集其邻居节点的反馈信息迭代计算得出。优点是综合了整个网络对实体的信任评价，评价信息比较全面可靠，对一些通过互相吹捧来骗取信任值的恶意实体具有明显的抑制作用。缺点是信任的主观性和动态性体现不足，不能区分直接信任和推荐信任，没有考虑时间因素和环境因素对信任变化的影响。此外，模型的安全性和健壮性较差，不能识别和抵御间谍实体和策略性恶意实体的攻击行为。为此，针对上述模型存在的缺点，已有方面将时间因素加入信任的评估中，构建了时间衰减的信任模型。

局部信任模型采用共享局部评价信息的方式来评估网络实体的信任度，特征表现为网络中的每个实体，对其邻居节点的历史评价信息作为直接信任度保存在本地。对其邻居实体的总体信任度计算，通过在网络中查询其他实体的推荐信任度，然后与自己的直接信任度融合得出，融合方法大多采用专家意见法和加权平均法。代表模型为面向普适计算的 FTM 局部信任模型，该模型为了提高推荐信任的准确性，提出了基于多级推荐协议和路径衰减的方法来计算推荐信任，符合了人际网络中信任关系传播的自然规律，但在评估实体总体信任度时，采用加权平均法使得评估策略缺少灵活性，很难根据应用环境变化动态自适应调整，而且没有考虑信任随时间动态衰减的影响，以及恶意推荐实体协同作弊问题。在 FTM 模型基础上，提出了面向开放系统的上下文感知的 CAT 局部信任模型，该模型将信任规则和上下文概念引入直接信任的评估和计算中，提高了直接信任计算的准确度，在推荐信任计算方面提出了一种推荐精确度的计算方法，通过推荐精确度过滤不可靠和恶意推荐实体，保证了推荐的可靠性和准确性，但仍存在信任不能随时间因素和环境因素动态变化的问题，而且模型计算的复杂度较高，推荐信任搜索的网络开销较大，只适用于小规模的网络应用系统。为了提高模型的动态适应能力，相关学者提出了一种基于时间窗的局部信任模型 TW-Trust，该模型通过反馈控制机制动态调节信任评估参数，提高了模型的动态适应能力。针对目前信任模型粒度过粗无法区分节点服务内容的问题，学者提出了一种基于声誉的多维度信任算法，给出了具体的直接信任和推荐信任计算方法，但在模型的安全性和鲁棒性方面考虑较少。张琳等人提出了一种基于多影响因素的信任传播算法，通过将节点的交互能力和诚实能力引入推荐信任的评估中，有效增强了推荐信任计算的合理性。李小勇等人提出了基于行为监控的自适应动态信任度测模型，将粗糙集理论和信息熵理论应用到分类权重的计算上，基于机器学习的动态信任评估模型和动态信任预测的认知建模方法，将人类社会的认知行为应用到信任关系的建模过程中，构建了自适应的基于历史证据窗口的总体信任决策方法，通过 DTT（direct trust tree）实现全局反馈信息的搜索与聚合，降低了网络带宽开销，提高了模型的可扩展性，但这两个模型主要应用于访问控制决策和授权管理等分布式安全策略方面，无法为网络实体选择可信协作实体提供决策依据。其他局部信任模型都从不同方面对已有信任模型进行了提高，促进了信任建模理论的进步。

在模型的安全性和鲁棒性研究方面，已有文献概括总结了声誉系统和 Web 服务中的攻击模式和防御技术，在对已有信任和信誉模型安全威胁分析的基础上，依据恶意节点采用的攻击策略和攻击的目的，相关学者提炼出 9 种类型的恶意攻击行为，对每类攻击行为所表现出的特征进行了分析，并给出了简单的应对方法，为建立安全的信任模型提供了指导作用。鲍宇等人提出了一种防止欺骗行为的信任度计算方法，通过引入时间衰减因子明显抑制了智能伪装的作弊行为，通过反馈管理机制有效阻止了间谍行为和恶意反馈行为。针对串谋节点具有相似和一致的行为，苗光胜等人提出了基于行为相似度的串谋团体识别模型，通过分析节点之间的行为相似度来识别串谋团体。还有文献将风险因素考虑到信任建模中，以此提高模型的安全性。文献针对特定计算环境提出了安全的信任管理方法。上述研究成果有效地提高了信任模型的安全性和健壮性。

同时，在电子商务和无线对等网络等领域也取得了一定的成果，这些模型主要解决某一领域的问题，但采用的信任建模思想和评估理论都是相通的，其成果对于研究新型互联网计算模式下的信任模型具有一定的参考价值，如针对Ad hoc 领域提出了相应的信任模型，增强了 Ad hoc 网络的可生存性。提出的基于信任模型的可信动级调度算法，提高了应用任务在可信方面的服务质量需求，保证了应用任务的安全可信执行。针对多 Agent 系统，提出了基于认知的信任框架研究，通过认知推理与模糊推理的结合，提高了信任建立的灵活性。将云模型应用到信任建模中，提出了一种基于云模型的主观信任评价方法，使用主观信任云的期望和超熵对信任客体信用度进行定量评价，有效地支持信任主体的主观信任决策过程，对主观信任评价研究进行有益的探索和尝试。

1.3.3　目前存在的问题

目前，学者针对不同应用环境提出了多种信任关系建模和评估方法，这些工作大都是借鉴人际网络中的信任关系形成和传播方法建立的，其建模方法主要采用基于概率统计、基于证据理论、基于模糊数学理论、基于主观逻辑、基于灰色系统理论和粗糙集理论。实践结果表明，这些模型极大增强了互联网应用系统的安全性和自治实体的可协作性，尤其对于网络中恶意实体的活动具有明显的抑制作用，使得恶意实体的攻击行为越发困难。已有模型的研究成果虽然有效地推动了信任建模理论研究的发展，丰富了人们对信任管理基本问题的认识，为进一步研究信任模型奠定了理论基础；但是，现有的建模技术仍然无法完全满足新型互联网计算模式的应用需求，在模型的准确性、交互感知、动态适应性和鲁棒性方面仍有待深入研究和探索，主要存在的问题如下。

（1）信任评估的准确性较低。现有模型采用主观评价和客体推荐方式收集信任评估的证据，缺乏客观的信任证据收集机制，导致信任关系评估的证据不充分，准确性较低，大大降低了实体跨域协作的成功率。

（2）评估策略比较简单。现有模型在计算实体的信任度时，为了追求计算的高效性和网络通信的低负载，大部分采用简单的评估策略，把网络中的实体看作一个"原子性单元"，只针对实体提供服务的成功与否进行评价，缺乏对服务质量的评估机制，致使 n 次收敛后所有成功提供服务的实体信任度一致。

（3）交互感知能力不足。现有模型在信任关系建模和评估时，只考虑了信任的动态性和不确定性因素，而没有把交互过程中证据变化的因素反映在模型中，模型无法动态感知应用环境的变化，致使模型在运行过程中无法根据直接证据和间接证据的获取情况动态自适应地调整评估策略，从而影响了评估结果的合理性和准确性。

（4）鲁棒性较差。信任模型在为应用系统提供安全防护的同时，其自身的安全性也同样重要。而现有模型只能对简单的攻击和欺骗行为进行识别和防护，而对间谍攻击、串谋团体攻击和策略性攻击等复杂隐蔽的协同作弊行为缺乏有效的识别和防护机制，导致模型自身的安全性和鲁棒性较差，进而影响了模型的可用性。

1.4 信任评估的常用方法

目前，已有信任模型采用多种不同的数学方法和工具评估信任关系，如基于简单的加权或平均的二元评估方法、基于贝叶斯理论的评估方法、基于模糊逻辑的评估方法、基于链状迭代的全局信任评估方法、基于云模型的评估方法等，具体评估方法的实现技术归纳如下。

（1）基于简单加权或平均的二元评估方法。这类信任模型对交易结果给出正面（满意）和负面（不满意）两种评价，分别计算正面评价和负面评价的数目，然后用正面信任评估模型及其方法研究评价的值减去负面评价值作为对节点的信任度，eBay 采用的就是这一方法。另一电子商务系统 Amazon 计算所有评价（包含正面和负面的）的平均值作为节点的信誉值。该方法的优点是任何人都能够理解信任结果所代表的本质属性，不足之处是比较简单，只能给出参与者可信度的简单影像，而且由于评价一般是在交易结束时给出，通常交易双方都没有动机为对方提供评价，或者人们为了感恩或害怕报复可能会给出不适合的评价，因此，参与者的信任值能否真实反映其交易的历史行为与提供评价的方法相关。

（2）基于贝叶斯理论的评估方法。该方法主要采用概率理论描述信任的不确定性问题，利用概率规则学习和推理不确定的可能性，学习结果表示为随机变量的概率分布，以此描述对不同情况可能发生的信任程度。王伟等在文献中用贝叶斯的方法评估节点的直接信任度和推荐信任度，他们用两项事件描述任意网络节点 x 和 y 之间的交互结果，即成功或失败两种事件，在节点之间发生 n 次交互后，成功次数为 u，失败次数为 v，满足 $n=u+v$，用第 $n+1$ 次交互成功的概率作为节点 x 对 y 的直接信任度记为 $\hat{\theta}_{dt}$，则节点之间交互成功的后验概率服从 $Beta$ 分布，其密度函数如式（1-1）。

$$Beta(\theta|u, v) = \frac{\Gamma(u+v+2)}{\Gamma(u+1)\Gamma(v+1)}\theta^u (1-\theta)^v \tag{1-1}$$

$$\hat{\theta}_{dt} = E\left(Beta(\theta|u+1, v+1)\right) = \frac{u+1}{u+v+2} \tag{1-2}$$

式中，$0<\theta<1$，参数 u，$v>0$。

推荐信任度参考网络中其他节点的直接信任估计进行评估，假设网络中节点 x 和 y 及 z 和 y 之间交互独立，交互次数分别为 n_1 和 n_2，成功次数分别为 u_1 和 u_2，失败次数分别为 v_1 和 v_2，则节点 x 通过 z 对 y 的推荐信任估计如式（1-3）。

$$\hat{\theta}_{rt} = E\left(Beta(\theta|u_1+u_2+1, v_1+v_2+1)\right) = \frac{u_1+u_2+1}{n_1+n_2+2} \tag{1-3}$$

在对直接信任度 $\hat{\theta}_{dt}$ 和推荐信任度 $\hat{\theta}_{rt}$ 评估之后，采用信任度合并函数 f 计算节点的总体信任度，如式（1-4）。

$$\hat{\theta} = f(\hat{\theta}_{dt}, \hat{\theta}_{rt}) \tag{1-4}$$

（3）基于模糊逻辑理论（fuzzy logic）的评估方法。基于该方法建立的信任模型主要使用模糊概念表达信任和信誉，通过定义隶属函数来描述个体所属的信任等级，利用模糊逻辑提供的模糊推理规则评估信任度。基于模糊逻辑的模型一般包括信任描述和信任模糊推理及信任更新三部分。Song、陈超等人都是基于模糊逻辑理论建立的信任模型，这类模型首先在信任描述部分定义信任度的模糊逻辑表示方法，如不信任、有点信任、一般信任、很信任、非常信任、完全信任等，信任等级则表示为由所有主体组成的论域 U_L 上的多个模糊子集，将主体的信任度隶属函数在 U_L 中各信任等级处的隶属度所构成的向量作为主体的直接信任度向量。如主体 x 对 y 的直接信任度向量表示为式（1-5）。

$$\boldsymbol{T} = (t_1, t_2, t_3, t_4, t_5, t_6) \tag{1-5}$$

式中，t_k 表示主体 x 的信任度隶属函数在信任等级 k 处的取值。

推荐信任度一般采用信任度向量的连接算子计算，如主体 x 对主体 y 的信任度向量为 $\boldsymbol{T}_1$，主体 y 对主体 z 的信任度向量为 $\boldsymbol{T}_2$，则主体 x 对主体 z 的推荐信任度向量为 $\boldsymbol{T}'$，如式（1-6）。

$$T' = T_1 \otimes T_2 \tag{1-6}$$

在计算出直接信任度向量 T 和推荐信任度向量 T' 后，采用信任度向量的合并算子实现综合信任度向量的计算，如式（1-7）。

$$T = \left(\frac{\lambda_1}{\lambda}, \frac{\lambda_2}{\lambda} \right) \cdot (T, T') \tag{1-7}$$

式中，λ_1，λ_2 分别表示合并算子的权重值，$\lambda = \lambda_1 + \lambda_1$。

（4）基于链状迭代的全局信任评估方法。基于该方法的模型主要通过节点间的交易历史计算局部信任度，然后通过邻居节点间相互满意度的迭代计算节点的全局信任度或声誉，网络中的每个节点都有唯一的全局信任值，如 Eigen-Trust、窦文和桂春梅等信任模型。在这类模型中，节点间局部信任度计算一般采用简单的二元计算法，如式（1-8）。

$$s_{ij} = sat(i, j) - unsat(i, j) \tag{1-8}$$

式中，$sat(i, j)$ 表示交易成功的次数，$unsat(i, j)$ 表示交易不成功的次数，通过公式（1-9）将局部信任度归一化到 $[0, 1]$ 区间内，c_{ij} 则为节点 i 对节点 j 的局部信任度。

$$c_{ij} = \frac{\max\{s_{ij}, 0\}}{\sum_j \max\{s_{ij}, 0\}} \tag{1-9}$$

网络中所有节点的局部信任度组成的矩阵为 $C = |c_{ij}|$，邻居节点之间形成了推荐信任关系，由此网络中任意节点 k 的全局信任度可以通过公式（1-10）计算得出。

$$T_k = (1 - \alpha) \sum_j (c_{ij} \times c_{jk}) + \alpha t_i \tag{1-10}$$

（5）基于云模型（cloud model）的评估方法。该方法利用云模型刻画语言值随机性和模糊性及二者之间关联关系的优势，描述实体的信任程度和不确定程度，其优点是充分考虑了信任的不确定性，信任度计算在理论上更加合理。这类模型以信任云的形式描述信任关系，也就是一维正态云，其形式化表示为 $TC(Ex, En, He)$，其中 $0 \leqslant Ex \leqslant 1$ 为信任期望度，是信任度的中心值；$0 \leqslant En \leqslant 1$ 为信任的熵，反映信任关系的不确定度；$0 \leqslant He \leqslant 1$ 为信任的超熵，反映信任熵的不确定度。

实体间推荐信任度的计算利用信任云的传递算子实现，在传递过程中若实体间不信任则 $Ex = 0$，若实体间信任不确定或不清楚则 $En = 1$，$He = 1$，假设信任传递路径上有 m 个实体 E_1，E_2，…，E_m，且 E_i 对 E_{i+1} 的信任云 $TC_i(Ex_i,$

En_i, He_i），那么，E_1 对 E_m 的推荐信任云 $TC_{1,m}^R(Ex, En, He)$ 通过式（1-11）和式（1-12）计算得出。

$$TC_{1,m}^R(Ex, En, He) = TC_1 \otimes TC_2 \otimes \cdots \otimes TC_m = \sum_{i=1}^m TC_i(Ex_i, En_i, He_i)$$

$$(1-11)$$

$$Ex = \prod_{i=1}^m Ex_i, \quad En = \min\left\{\sqrt{\sum_{i=1}^m En_i^2}, 1\right\}, \quad He = \min\left\{\sum_{i=1}^m He_i, 1\right\} \quad (1-12)$$

实体的综合信任度是通过对不同推荐路径得到的多个信任云合并为一个综合信任云实现的，假设从实体 E_1 到 E_m 有 m 条推荐路径，$TC_{1,m}^{R_i}(Ex_{R_i}, En_{R_i}, He_{R_i})$ 为第 i 条推荐路径的推荐信任云，那么 E_1 对 E_m 的总体信任云 $TC_{1,m}(Ex, En, He)$ 通过式（1-13）和式（1-14）计算得出。

$$TC_{1,m}(Ex, En, He) = TC_{1,m}^{R_1} \oplus TC_{1,m}^{R_2} \oplus \cdots TC_{1,m}^{R_m} = \prod_{i=1}^m TC_{1,m}^{R_i}(Ex_{R_i}, En_{R_i}, He_{R_i})$$

$$(1-13)$$

$$Ex = \frac{1}{m}\prod_{i=1}^m Ex_{R_i}, \quad En = \min\left\{\frac{1}{m}\sqrt{\sum_{i=1}^m En_i^2}, 1\right\}, \quad He = \min\left\{\frac{1}{m}\sum_{i=1}^m He_i, 1\right\}$$

$$(1-14)$$

1.5　信任信息的存储机制

现有的信任信息的存储方案基本有两种方式：全局信任存储机制和局部信任存储机制。全局信任存储机制的基本思想是为网络中的节点指定一个特定的信任管理节点，由信任管理节点收集其他网络节点对管理节点的反馈信息，依据反馈信息评估节点的全局信任度并将其存储在本地，同时向网络中的信任请求节点提供信任度查询响应，这种存储机制一般通过分布式 Hash 表（DHT）实现信任管理节点的分配和查询，比较适用于全局信任模型。目前，采用全局信任存储机制的模型有两种常见的信任管理节点分配方法：基于 Terrace 拓扑结构和基于 Chord 协议。

窦文在文献中采用了一种称之为 Terrace 拓扑的结构化构件实现信任管理节点的分配与信任数据的查询。Terrace 是一种基于 d-Tree 结构的 DHTs 构件，通过 Terrace 网络中的所有节点投影到一个逻辑 d-Tree 树上，并赋予节点全局唯一的逻辑地址，逻辑地址的编码基数为 d-Tree 的阶，如果用八进制表示逻辑地址，则 $d=8$，树的最大空间由系统规模决定，如图 1-3 所示，地址由八进制表示，则除根节点最大扇出为 7 外，其余逻辑树节点的最大扇出为 8。从根节点起，每一个节点的子节点都是该节点逻辑地址在下一个基数位的列举，而节点自身包含当前基数位的所有列举。

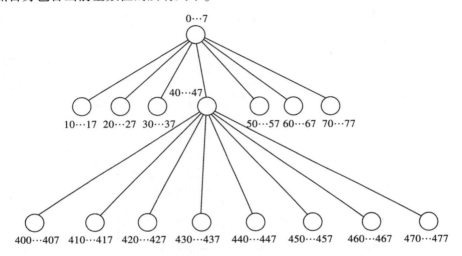

图 1-3 阶为 8 的 Terrace 树逻辑空间示意图

在 Terrace 中，通过均匀的 Hash 函数 HDT 将节点 i 的标识 ID_i 投影到 Terrace 中的某个节点的逻辑地址 d 上，记 $d=HDT(ID_i)$，d 所对应的 Terrace 节点就为节点 i 的信任管理节点。基于 Terrace 拓扑结构的信任管理节点分配方法的主要特点。

（1）具有较好的安全性，任意网络节点 i 通过 Terrace 在 $O(\log n)$ 的消息复杂度内将节点 j 的信任值存储到 $HDT(ID_j)$ 上，同时保证节点 i 和节点 j 无法获知 $HDT(ID_j)$ 的位置，防止节点篡改其自身的信任度，从而保证信任信息的安全性。

（2）具有信息查询便捷性，在对节点 j 的地址匿名的情况下，网络中的任意节点可以按照 $O(\log n)$ 的消息复杂度从逻辑地址 $HDT(ID_j)$ 获取节点 j 的全局信任度。

（3）具有较小的网络维护开销，Terrace 的维护开销为 $O(d)$。

Xiong 和路峰等人提出的信任模型基于 Chord 协议为网络中的每个节点设定信任管理节点，如图 1-4 所示。网络中的每个节点 i 都有一个全局唯一的标识 ID_i，用一个 m 比特的二进制数表示，它是节点 i 在 Chord 环形逻辑空间中的逻辑地址，是节点 i 的物理地址的单向 Hash 值。通过一个均匀的单向 Hash 函数 H 为节点分配信任管理节点，网络中任意节点 i 的标识 ID_i 在 m 比特逻辑地址空间的投影 $H(ID_i)$ 的最近的后继节点标识所对应的节点则为节点 i 的信任管理节点 M_i，即 ID_{M_i} 是 $H(ID_i)$ 的最近的后继标识。网络中的任意节点 j 在与 i 交互前，向信任管理节点 M_i 请求节点 i 的信任情况，并在交互结束后将对 i 的反馈评价发送到 M_i。

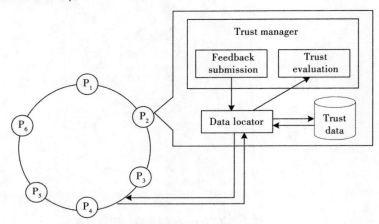

图 1-4　PeerTrust 系统的体系结构

局部信任存储机制的基本思想是网络中的所有节点都维护自己评价过节点（即邻居节点）的信任信息，这样构成了一个有向图，当需要某个节点的信任信息时，在有向图上查询节点的信任数据，这种机制比较适用于局部信任模型。

1.6　本章小结

本章首先介绍了信任的基本属性和分类情况，以及信任关系建模的基本方法和流程。然后概括了当前已有模型中常用的 4 种信任表示方法：二值逻辑表示法、连续数值表示法、离散级别数值表示法和模糊数值表示法，并对它们的优缺点进行了分析对比。在此基础上，介绍了 5 种常用的信任评估方法，并对每种评估方法的特点和实现技术进行了简单归纳。最后对目前信任模型所采用的信任信息的存储机制进行了总结概括，并对基于 Terrace 拓扑结构和基于 Chord 协议的全局信任存储机制进行了详细介绍。这些相关理论和技术为信息关系研究奠定了坚实基础。

2　多维信任证据模型及收集机制

2.1　问题提出

信任模型作为一种相对柔性的"软安全"度量机制，在新一代互联网计算领域中发挥着基础性作用。相对于传统的"硬安全"保障机制，只依据实体身份、策略或凭证等单一静态信任证据评估实体的安全性，信任模型机制采用一种动态的逐步认知的方式，通过长期考察实体行为多方面的表现作为信任证据度量实体的信任度，以实体信任度作为评估实体行为安全性、可靠性和可用性的指标，较好地解决了互联网计算环境中自治实体的行为信任问题。

然而，构建一个健壮的、准确地适应于互联计算模式的信任模型并非易事。与传统安全保障措施相比，信任评估往往在本质上更加复杂，需要依靠在运行过程中获取到的有关实体行为的信任证据。信任证据是指所有与实体行为相关的，能够反映行为可信的知识或信息，是实体信任评估的前提和基础，如何获得全面可靠的信任证据对信任模型来说至关重要。

目前，大部分信任模型依据一些比较容易获取的信任证据评估实体的信任度，如历史交互过程中成功与失败的经验、用户的反馈信息、网络中其他实体的推荐信息等。这类证据在某种程度上可以反映出实体行为的可信性，比较易于获取，但是其主观性较强并且只反映出实体行为的声誉信任，缺乏交互过程中反映实体具体属性的信任证据信息，很难全面真实地反映实体行为的可信与否，致使信任模型在信任评估时证据不充分。导致现有信任模型难于获取全面信任证据的主要原因是，缺乏完整的信任证据模型来指导信任模型对实体信任的评估。因此，当前亟须具有参照意义的支持信任评估的信任证据模型，并在此基础上研究具有针对性的证据收集和存储机制，为信任模型建模提供相应的证据理论支持，提高信任评估的准确性和全面性。

为此，本章将从影响实体信任的要素出发，全面深入地分析反映实体行为能够可信赖执行的证据信息，并对这些证据信息进行概括和组织分类，建立一个多维分层的信任证据组织模型，为评估实体信任关系提供一种规范和标准。然后，在信任证据模型的基础上，对各个信任证据的来源和获取方式进行总结，给出信任证据的具体收集方法，为信任模型的证据获取提供相应理论和技术。

2.2 实体信任证据

由信任的概念可知，信任是对实体准确、安全、可靠地采取行为的一种可信赖的程度，依赖于对目标实体行为认知的深度。所谓认知，是指通过一定知识来认识实体行为是否可信的过程，为了促进对实体行为的认知，采用的信任证据必须能够真实可靠地反映实体行为信任的知识和事实。这是判断获得的知识或信息是否为信任证据的主要特征，也是信任证据模型建立必须遵守的一条基本原则。对实体进行信任评估时，依据信任证据反映的可靠程度和认知深度评估实体的信任等级。

在计算机安全领域，最可靠的反映软件实体信任的证据是需求文档、设计文档、软件源码、测试文档等软件设计和开发过程中的资料。这类证据直接反映了软件实体内部的知识，能够从深层次更可靠的构建机理方面认识软件实体，依据该证据能够准确可靠地判断出软件实体是否可信。但是，互联网中的实体相对于传统的软件实体来说，被看作一个自治的资源"虚拟化"的基本单元，具有不可控和不确定性的特点，只对外提供服务而不提供源码、设计和测试文档等资料，使得这类最能够直接反映实体构建机理信任的证据信息在互联网中难以获取到。为此，只能通过实体行为的外在表现形式来获取反映实体信任的证据信息，因为在哲学意义上任何事物的本质都可以由事物的外在特征或现象直接表现出来，即"透过现象看本质"。通过分析互联网计算环境中实体的特征及实体之间的关系可知，实体行为的外在表现形式主要体现在对外提供服务方面，能够反映实体服务能力方面的有关信息都可以作为评估实体信任的证据。

基于信任证据的特征，认为评估网络中自治实体是否信任的证据信息可以从以下三个方面获取。

（1）从目标实体自身提供的声明中获取有关反映服务能力的信息，即目标实体提供的声明。因为，在互联网计算环境中，为了能够让尽可能多的用户了解及使用自己提供的服务，每个实体都对外提供一个能力和行为的声明，能力声明主要描述实体提供的功能及与功能相关属性等信息，行为声明主要描述实体要遵守的特定行为约束和交互协议等信息。这些声明为实体间信任关系的建立提供了最原始的证据信息，对于陌生实体间初始信任关系的建立尤为重要。特别是在没有其他有效信任证据的情况下，通过能力声明和行为声明可以直观地判断出目标实体能否满足请求实体的服务需求，从而可以对目标实体产生一定程度的信心。

（2）评估实体在历史交互过程中获取的有关反映目标实体服务能力的信息，即通过直接服务体验和观察行为表现获取信任证据。在人际网络中，人与人之间信任的评估往往依赖于日常交往中积累的经验，经验是通过多次交往过程中对对方行为表现的评价与预期目标符合度比较的主观感受。由于互联网中实体之间的关系与人际网络天然的相似性，使得人际网络中这种信任证据获取和积累方法可以应用于网络实体的信任证据收集中。利用该方法，实体在每次协作或交互过程中，通过体验目标实体提供的服务和观察目标实体表现出的行为，获取反映实体服务能力的证据信息。其中，服务体验可以获得该次服务与预期要求是否一致的证据，这类证据在主观上反映出目标实体服务能力的可信程度。因为，可信计算组织认为，如果一个实体总是按照其预订目标所期望的方式执行，则其能力比较可靠。王怀民等人认为，如果一个软件系统的行为总是与预期相一致，则对其能力比较信任。所以，如果该次服务与预期要求完全一致，则认为是完全信的；如果达不到预期要求，则不信任该实体。通过观察或监控实体行为可以获取反映实体行为信任的客观证据，如服务的可靠性、可用性、实时性、准确性、安全性、行为一致性和约束一致性等证据。这类证据是评估实体在交互过程亲身体验或观察获得的，是一种直接信任证据，其可靠性、有效性和准确性比较有保障，能够对目标实体服务能力产生一定信心。

（3）从网络中其他实体的交互经验中获取的有关反映目标实体服务能力的信息，即利用网络中其他实体的推荐信息作为信任证据，也称为目标实体在网络中的信誉。推荐是一个实体将自己获得的知识传递给另一实体的操作过程，是实体经验的一种交流、共享和传播方式。互联网计算环境中可能有多个实体与同一目标实体有过交互或协作，对目标实体的服务能力有亲身体验和信任评价，通过推荐方式将信息共享给评估实体，这些信息充分反映了目标实体在网络中的信誉，可以用来作为评估目标实体信任的参考依据，特别适合于作为信任关系初始化的信任证据。通过参考其他实体的经验能够对目标实体的服务能力产生一定的信心，因为在人际网络中他人提供的推荐信息有助于评估者在一个不熟悉的语境中推理信任决策，弥补了评估者据历史交互经验不足无法准确决策的缺陷，增加了评估和决策的准确性，是建立信任决策的一种重要渠道。但是，利用该方式获取的信任证据其可靠性和正确性严重依赖于推荐实体，推荐信息的有效性无法保证。

综上所述，对任意一个网络实体可以从三个方面分别评估其信任度，所采用的证据信息可以抽象为以下三元组：

$$<S, I, R>$$

其中，S 是目标实体的声明证据，即目标实体声称的服务提供能力和行为的信息；I 是实体的交互证据，是评估实体自身观察获得的证据，也称为直接信任证据；R 是实体的推荐证据，是评估实体通过其他实体间接获得的证据，也称为间接信任证据。

因此，声明证据、交互证据和推荐证据可以看作评估一个网络实体信任的三个基本证据要素，在构建信任模型时，将围绕这三个要素展开信任证据的收集方法研究，依据这三类信任证据研究实体的信任评估方法。

2.3 信任证据模型

信任证据是实体信任评估的前提和关键，在全面分析实体信任证据的基础上，借鉴自主元素可信概念模型和软件可信证据模型定义的评估软件可信性的证据，提出了一个支持实体信任评估的多维信任证据模型。模型采用证据粒度由粗到细逐层分级策略，使得证据层次比较明确易于理解，如图 2-1 所示。首先，依据互联网中实体证据的获取方式和来源不同，将实体信任证据划分为声明证据、推荐证据和交互证据三大类，作为基本证据要素；然后，依据证据可获得性原则，对每类证据进一步细分，给出细粒度的"原子"证据，即可收集的最小证据单元。模型从不同角度定义和组织反映实体信任的证据信息，为信任评估和证据收集提供了规范支持。

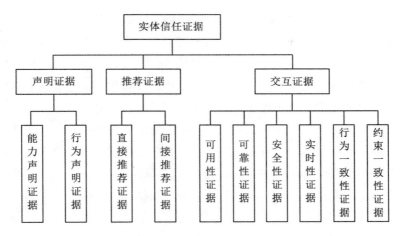

图 2-1　信任证据模型

定义 2-1　声明证据（statement evidence）　是指从目标实体声明中获取的反映其服务能力的信息，被称为声明证据。

依据目标实体声明的类型，将其划分为能力声明证据和行为声明证据两个维度。声明证据可以从能力和行为方面为评估实体做出是否信任目标实体的决策。该证据只适用于初始信任的评估，由于是目标实体自身提供的证据，其可靠性较低，往往一些虚假或恶意实体通常都声称自己提供好的能力和行为，以此提高自己被选中的机会，从而获取非法利益。所以，在没有其他可靠证据的前提下，才依靠该证据评估实体的信任，类似于电子商务中对陌生商家的信任评估，在没有交易经验和商家信誉的前提下，只能依靠商家提供的商品描述信息来判断是否信任该商家并与其进行交易。

定义 2-2　推荐证据（recommendation evidence）　是指网络中有经验的实体对目标实体的直接信任评价信息，被称为推荐证据。

推荐证据反映的是目标实体在网络环境中的信誉，是信任评估中比较灵活的证据因素。依据推荐实体与评估实体的关系，将推荐证据划分为直接推荐证据和间接推荐证据两个维度。在推荐证据获取过程中，如果是自己熟悉的实体（即有过交互的实体）推荐的证据，称为直接推荐证据，类似于现实生活中熟人的介绍信息，其可靠性相对较高一些；如果是自己不熟悉的实体（即没有交互过的实体）推荐的证据，称为间接推荐证据，其可靠性相对直接推荐证据较弱一些。由于推荐证据在互联网环境下易于收集和理解，所以可以作为评估实体信任的主要证据，尤其是初始信任的评估，较之声明证据可靠性高一些。

定义 2-3 交互证据(interaction evidence) 是指实体在交互或协作过程中通过亲身体验或监测获取的反映目标实体信任的信息,被称为交互证据。

交互证据是一种最直接、最可靠的评估实体信任的依据,为了从不同方面得到反映实体服务能力的证据,从服务的使用角度考虑,参考 ISO/IEC9126 软件实体质量评测模型,将交互证据划分为可用性证据、可靠性证据、安全性证据、实时性证据、行为一致性证据和约束一致性证据六个维度,分别从六个方面考察反映实体服务能力信任的证据,具体各证据维度的详细说明如下。

(1)可用性证据(availability evidence)用于评估实体在特定时刻提供可用服务的能力。传统的对软件实体可用性度量证据是通过将外界观察与其承诺相比较获得的,而对网络实体的可用性评估可以通过服务使用结果与预期可用标准相对比作为证据。例如,目标实体不能真实地提供某些预期功能,或者提供的服务存在带宽利用率较高、网络传输效率较低、传输速度较慢等情况,则从可用性角度认为实体是不信任的,如果服务一切正常,则认为实体是可信的。

(2)可靠性证据(reliability evidence)用于评估实体维持规定服务质量和性能级别的能力。一般将实体运行的稳定程度及服务使用过程中是否失效作为评估可靠性的证据。例如,服务在使用时存在执行成功率较低、误码率较高、IP丢包率较高、链接建立成功率较低、平均故障时间较长等情况,则从可靠性角度认为实体是不可信的;否则,认为实体是可信的。

(3)安全性证据(security evidence)用于评估实体提供安全服务的能力。一般通过检测目标实体提供的服务是否对运行环境造成破坏作为安全性证据,例如,传递的文件带有病毒或木马、隐私或保密数据被泄露,则从安全性角度认为实体是不信任的;否则,在安全性角度认为实体是可信的。

(4)实时性证据(real-time evidence)用于评估实体及时响应服务请求的能力。一般将完成服务请求任务平均花费的时间作为评估实时性的证据,也就是说,在特定网络环境下,如果服务响应速度 RT 总是小于预期响应时间 T,即 $RT<T$,则在实时性角度认为实体是信任的;否则,在实时性角度认为实体是不可信的。

(5)行为一致性证据(behavior consistency evidence)用于评估网络实体执行行为与其承诺的预期行为一致性的符合程度。一般将交互过程中观察的实体行为与预期行为相匹配的程度作为行为一致性证据,也就是说,如果实体表现出的行为总是处在其承诺遵循的行为规范之内,则从行为一致性角度的认为实体是比较信任的;否则,认为实体是不可信的。

(6)约束一致性证据(constraint consistency evidence)用于评估实体的表现与

预期要求的约束规则一致性的符合程度。一般通过观察实体的表现与预定义的约束规则相比较的结果作为约束一致性证据,如果实体总是满足预定义的约束规则,则从约束一致性角度认为实体是信任的;否则,认为实体是不可信的。

通过对上述证据模型分析可知,声明证据、推荐证据和交互证据的可靠性由弱到强,即 $S<R<I$,其中,声明证据由于是目标实体自身提供的信息,其真实性在交互前无法进行验证,因此可靠性最弱,在没有任何其他证据的前提下才参考该证据作为初始信任评估的依据。推荐证据是网络中第三方实体提供的信息,其真实性依赖于推荐实体的能力和经验及推荐的可信性,并且具有一定的主观性。对于经验丰富的可信实体,其推荐信息具有一定的参考价值,可靠性则相对较高,而一些恶意或虚假的推荐信息则不具有任何参考价值,在评估时必须剔除恶意或虚假证据,才能保证推荐证据的可靠性。交互证据由于是实体亲身观察所得的信息,其真实性比较有保障,具有较高的可靠性和参考价值。所以,在信任评估时要充分权衡各个证据因素的可靠性和重要性,依据证据的可靠程度和重要程度为其分配相应的权重因子,然后综合评估实体的信任值。

2.4 模型的有效性分析

评估一个信任证据模型有效性的主要标准是:能否全面有效地支持信任关系建模和评估,能否促进信任关系的动态演化。本章建立的信任证据模型由于以三个基本证据要素(声明证据、推荐证据和交互证据)为基础,涵盖了信任证据的多个来源,所以模型具有较好的全面性。通过借鉴已有文献提出的软件可信证据模型的划分标准和参考 ISO/IEC9126 制定的评测软件实体质量具体指标,依据可获得性原则,对三个基本证据要素进行了细粒度划分,给出了便于收集的多维度的"原子性"证据。这种层次化的多维度证据模型通过将一些不易直接客观收集的证据要素分解为可以客观收集的更加细粒度的"原子性"证据,能够为信任关系建模和评估提供比较准确的、客观的信任证据。而且推荐证据利用现有的收集方法在实体形成的推荐信任关系网络中较容易收集到,交互证据利用现有的网络监测技术同样能够容易获取到,所以模型划分的细粒度证据在可收集方面具有较好的可行性。另外,由于交互证据和推荐证据在网络运行过程中能够持续不断获取到,所以,这些证据能够促进对被评估实体信任的逐步认知,对信任关系的动态演化具有较好的促进作用。

综上分析,信任证据模型对支持信任建模和评估,促进信任关系的动态演化方面具有较好的有效性。

2.5 模型的对比分析

证据模型是为评估特定对象提供一种证据标准和规范，评价一个信任证据模型的重要指标是评估对象是否适用、所列出的证据是否易于获取。为了体现信任证据模型对于自治网络实体信任关系评估的适用性和易获取性，首先对已有证据模型的目的和应用的特定对象进行对比，然后分析模型是否关注交互证据、推荐证据、可信属性、机理证据等证据因素。交互证据主要考察模型是否考虑了交互过程中获取评估证据，推荐证据考察模型是否考虑了通过第三方获取评估证据；可信属性考察模型是否考虑评估对象外在属性或声明属性；机理证据考察模型是否考虑了在应用对象设计或开发过程中获取评估证据。各模型具体对比及是否关注相应证据的情况，见表2-1。

表 2-1　　　　　　　　　　　　　　相关模型比较

	自主元素可信概念模型	支持软件可信评估证据模型	软件可信证据模型	信任证据模型
目的	给出可信概念模型，进而构造虚拟计算环境可信保证体系结构	给出组织模型用于评估互联网软件资源，引导用户选用	给出证据组织模型，为软件证据收集和可信性评估提供证据支持和标准规范	给出多维信任证据模型，为信任评估和证据收集提供规范支持
对象	自主元素	软件资源	软件资源	网络实体
交互证据	关注	关注	关注	关注
推荐证据	不关注	不关注	不关注	关注
可信属性	关注	关注	关注	关注
机理证据	关注	关注	关注	不关注

由表2-1中各模型的对比结果可以看出，本章构建的信任证据模型应用的对象是网络实体，用于对网络实体的信任证据收集和评估，侧重于通过交互证据、推荐证据和可信属性获取评估证据，并且这三类证据在互联网中比较易获取，而网络实体开发和设计过程中的机理证据在互联网环境下难以获取，所以对其不关注。其他三种模型应用的对象是软件资源或自主元素，用于对软件

可信性评估，侧重于通过交互证据、可信属性和机理证据获取评估证据，特别是软件设计、开发和测试阶段的证据信息非常重要，对软件资源来说上述几类证据比较容易获取。因此，通过对各模型的对比分析可以得出，信任证据模型比较适用于网络实体的信任评估，而且证据比较容易获取。

2.6 信任证据的收集机制

信任证据模型为实体信任评估提供了证据标准和规范支持，那么如何收集这些证据则是信任评估需要解决的关键问题。对应于 2.3 节介绍的信任证据模型，信任证据收集应包括 3 个部分：声明证据收集、推荐证据收集和交互证据收集。声明证据收集比较简单，直接从目标实体发布的声明信息中即可获取。推荐证据由于分布在网络中的其他实体中，因而，其收集方法主要采用搜索方式实现，即在整个信任网络中查找与目标实体有过交互记录的实体，从中获取对目标实体的评价信息。交互证据收集是在实体交互或协作过程中客观、全面地记录反映实体信任的相关信息，主要采用行为监测的方式进行。

2.6.1 推荐证据的收集机制

根据小世界理论（small word theory），信任和推荐信息都可以通过较短的路径在相邻的两个实体之间传播，为此推荐证据的收集将以信任关系网络为基础，利用节点之间的关系获取信息。所谓信任关系网络是指网络实体之间依据信任关系所形成的网络结构，如图 2-2 所示。

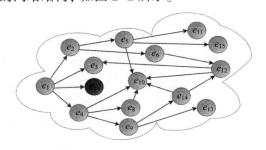

图 2-2　信任关系网络

假设一个应用系统中自治实体集合为 $E = \{e_1, e_2, \cdots, e_n\}$，则信任关系网络可以用有向图 $G = (E', T)$ 来表示，其中，有向图中的网络节点集合 $E' \subseteq E$，有向边集合 $T = \{(e_1, e_2), (e_2, e_3), \cdots, (e_i, e_j)\}$，$e_i, e_j \in E'$，且 $i \neq j$，有向边

(e_i, e_j)表示实体e_i与实体e_j的信任关系。信任关系网络的构建是由信任模型通过动态地评估实体之间的信任关系来完成的，其主要目的是通过信任关系网络实现信任关系的推理和演化。信任关系网络具有可扩展性和动态演化性，能够随着新信任关系的建立动态扩展和不断演化。

定义 2-4　邻居实体(neighbor entity)　是指与实体$e_i \in E'$有过直接交互行为并为其提供过服务的实体，称为实体e_i的邻居实体。

定义 2-5　推荐实体(recommendation entity)　是指为网络中为实体e_i提供自己有关对目标实体e_j直接交互证据的实体，称为实体e_i的推荐实体。

在信任关系网络中每个实体在本地都要维护一个邻居实体的列表，在该列表中详细记录了与其邻居实体的交互信息及对其邻居实体的信任度评价。例如，在图2-2所表示的信任关系网络中实体e_1维护着对实体e_2，e_3，e_4，e_{16}的直接信任证据，其中实体e_{16}是实体e_1的不信任实体。当一个实体被请求作为信任推荐实体时，将把自己维护的目标实体直接信任评价信息作为推荐证据传递给请求实体，实现推荐证据的收集。推荐证据收集的前提条件是必须具有推荐实体，那么，如何在信任关系网络中查找到可靠的推荐实体是推荐证据收集需要解决的一个关键问题。

解决推荐实体查找最简捷的方法是，在信任关系网络中引入一个可信第三方实体来监视和记录实体的交互动作，专门为请求实体提供推荐服务，但互联网计算模式下的应用系统有一种排斥可信第三方的倾向，系统的开放性及实体的自治性和动态性使得很难采用可信第三方监视实体间的交互，因此，该方法不适用于互联网计算模式。

目前，大部分信任模型采用广播方式或基于信任链方式在信任关系网络中搜索推荐实体，其中广播方式是从请求实体发出搜索请求，然后将搜索请求直接发送给所有邻居实体，邻居再将该请求发送给自己的所有邻居实体，以此类推，直到搜索结束为止。该方法的优点是能够找到网络中的所有推荐实体，缺点是通信负载较重、网络开销比较大、搜索速度慢，只适用于小规模的互联网应用系统。而对于大规模的具有成千上万个节点的应用系统来说，如果采用广播方式查询推荐实体，信任模型的计算开销将会非常大，实体信任度的一次评估将会花费大量时间。基于多级信任链的搜索方法相对于基于广播的搜索方式推荐的可靠性有一定提高，但多条信任链中重叠节点较多，当信任链的跳数较大时，模型运算的速度和信任的收敛性是最大的挑战。另外，网络环境的开放性使得大量恶意和虚假实体进入到网络中，采用广播方式将会把一部分恶意或虚假实体当作为推荐实体，这类推荐实体将会给出虚假甚至恶意的推荐证据，导致推荐的可靠性很难保证，严重影响了信任评估的准确性。为了解决运算速度和可靠推荐问题，李小勇在文献中提出了一种可扩展的反馈信任信息聚合算法，该算法是对信任链搜索方式的改进，通过引入质量因子和距离因子两个参数来自动调节聚合计算的规模，该方法有效控制了反馈信任聚合运算的规模，可以减少低信任值节点的恶意反馈，在一定程度提高了系统的安全性。但是该方法在抵制恶意反馈时，只剔除了低信任值实体的反馈，而对于信任值高的间谍实体或伪装实体反馈的虚假信息仍无法解决。

通过对已有方法深入分析发现，导致搜索速度慢和网络开销大的主要原因是，搜索规模比较庞大甚至对整个信任关系网络进行全面搜索，在搜索过程中产生了大量重复和无效搜索。为了提高搜索速度和减小网络开销需要找到一个合理有效的方法降低网络搜索规模。而导致推荐可靠性低的主要原因是，在搜索过程没有识别推荐实体的可靠性，将一些恶意或虚假实体作为可信推荐实体来使用，导致推荐证据的不可靠。为了解决这些问题，对人际网络中的推荐行为进行了分析，发现在人际网络中，人们为了降低恶意推荐的风险性和减小推荐者的搜索规模，往往向熟人请求推荐或者让熟人帮忙介绍他所熟悉的人推荐，一般只采纳熟人或者是熟人所认识人的推荐信息，而很少采纳陌生人的推荐信息。

借鉴人际网络的推荐理论，提出了一种基于信任树的可靠推荐证据收集机制，其核心思想是将基于信任链的搜索方式转换为基于信任树的搜索方式，将以评估实体为起点的所有信任链构造为一棵信任树，利用树的广度优先搜索算法查找推荐实体，并从找到的推荐实体中获取目标实体的推荐证据。

定义 2-6　信任树(trust tree)　在信任关系网络中基于信任链生成满足如下性质的一棵树，被称为信任树。

（1）信任树应具备的性质。

①根节点为评估实体；

②每个父节点与其孩子节点有直接信任关系，即信任关系网络中父节点的邻居实体，但不是所有邻居实体，父节点只选具有可信推荐能力的实体作为其孩子节点；

③除根节点外，一个节点有且仅有一个父节点，即多条信任链中的重复实体在信任树中只能作为一个节点，且以出现的最小深度为准；

④需要被评估的目标实体不能作为树的节点，防止出现自己推荐自己的

情况。

满足以上四个性质的信任树，从根节点到树中的任何一个节点都形成一条信任链，相对于传统的信任链机制该方法解决了实体重复搜索的问题，减小了搜索规模。但是，影响搜索规模的另一个因素是树的深度，如果深度较深则搜索规模仍然比较大。为了进一步减小搜索规模，提出采用距离因子控制反馈传播深度的方法，在信任树构造方法中引入距离因子参数，依靠距离因子参数来控制树的深度。距离因子是一个大于等于1的整数，其大小的决定因素与评估实体希望获取的推荐证据多少有关。

（2）基于信任树的推荐实体查找的具体步骤。

第一步，评估实体首先设定查找的距离因子 λ 的大小，即信任树的最大搜索深度，然后生成收集目标实体推荐证据的搜索请求协议。搜索请求协议的具体格式见表2-2，由请求实体名、目标实体名、路径长度和请求内容四部分组成，其中，路径长度的初始值设置为 $L=\lambda-1$，请求内容为查找目标实体的推荐证据。最后将自身作为信任树的根节点，以根节点为起始点在信任关系网络中展开基于信任树结构的推荐实体搜索；

表 2-2   搜索请求协议格式1

请求实体名	目标实体名	路径长度	请求内容
e_i	e_j	λ	推荐证据

第二步，评估实体首先在其维护的邻居实体列表中查找具有可靠推荐能力的推荐实体，将查找到的实体作为它的孩子节点，将生成的收集目标实体推荐证据的搜索请求协议发送给所有孩子节点，并对孩子节点进行已搜索标记；

第三步，接收到搜索请求的节点首先在其本地信任库中查找是否有目标实体的信任证据，如果有则该节点为要查找的推荐实体，将其证据以推荐的方式传递给评估实体。然后，判断该节点在搜索请求中的路径长度 L 是否小于1，如果小于1说明已搜索到树的最底层，则停止搜索；否则，从其维护的邻居实体列表中查找具有可靠推荐能力的实体，判断实体是否被搜索过，如果未搜索则将查询到的实体作为它的孩子节点，将搜索请求协议中的路径长度修改为 $L=L-1$，然后继续转发给所有孩子节点进行搜索，并对这些节点进行已搜索标记；

第四步，重复第三步的操作直到查找结束为止。

该方法在搜索推荐实体时，由于只向其熟悉的具有可靠推荐能力的邻居实体发送搜索请求，相对基于广播方式的搜索机制大大提高了推荐实体的可靠性，有效地降低了恶意推荐的风险性。另外，相对于基于信任链方式的搜索机制，该方法在搜索过程中去掉了大量重复和无效搜索实体，并且利用距离因子控制了搜索规模，从而大大降低了搜索规模，有效提高了网络的搜索速度，减小了网络的带宽开销。

为了进一步说明基于信任树的推荐实体查找方法的有效性和可行性，以图 2-2 所示的信任关系网络为例，实体 e_1 收集实体 e_{10} 的推荐证据，距离因子设置为 $\lambda = 3$，搜索请求协议生成为 "request entity name $= e_1$ and object entity name $= e_{10}$ and path length $= 2$ and request content $=$ 查找目标实体的推荐证据"。首先，实体 e_1 在其维护的邻居实体列表 $\{e_2, e_3, e_4, e_{12}\}$ 中查找具有可靠推荐能力的实体，其中 e_2，e_3，e_4 为具有可靠推荐能力的实体，以这些实体作为实体 e_1 的孩子节点向其发送搜索请求；实体 e_2，e_3，e_4 收到搜索请求后在其本地信任库中查找实体 e_{10} 的信任证据，实体 e_4 查找到有实体 e_{10} 的信任证据，则实体 e_4 为实体 e_1 一个推荐实体，并将该证据发送给实体 e_1，由于搜索请求协议中路径长度为 2 搜索未结束，实体 e_2，e_3，e_4 在其维护的邻居实体列表中查找具有可靠推荐能力的实体继续转发搜索请求进行搜索，其中实体 e_3 没有邻居实体搜索结束。以此类推，最后的搜索结果如图 2-3 所示，搜索到推荐实体为集合为 $\{e_4, e_5, e_8, e_{12}, e_{14}\}$，其中 e_4 为直接推荐实体，实体 $\{e_5, e_8, e_{12}, e_{14}\}$ 间接推荐实体，而通过对比信任关系网络验证了搜索结果的正确性。该实例充分说明了基于信任树的推荐信任查找方法具有可行性和有效性，能够准确地搜索到推荐实体。

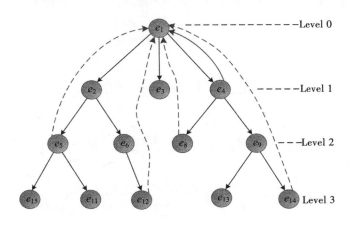

图 2-3　信任树

2.6.2 交互证据的收集机制

交互证据一般是在使用或协作过程中通过对目标实体行为的监测和分析来获取，因为反映实体行为信任的大部分证据信息蕴含在各种网络协议报文和海量的网络消息中，通过监测实体之间的网络消息及分析网络的状态能够从中得到目标实体的信任证据，如可用性证据、可靠性证据、安全性证据和实时性证据等。目前，有多种监测网络实体行为的工具，如检测与分析网络流量的工具有 Band Width、Flow Analyzer、Net Traffic，这类工具可以检测每个网关各种协议的详细 IP 流量，可以分析网络的链接状态、数据包的传输和接收速率等；专用的数据采集与流量分析工具有 Cisco 的 Netflow Monitor、Netscout 公司的 Netscout 网络性能管理产品，这类工具可以实时获得网络的带宽利用率等。已有监测和分析技术为交互证据的收集提供了支持，但仍有很多证据信息无法获得，如功能可用性、行为一致性和约束一致性证据。如何全面获取交互过程中的证据信息是信任评估需要解决的一个关键问题。

为此，构建了一个支持直接信任评估的交互证据收集框架，该框架由三层结构组成：网络资源层、监测层和提取层，如图 2-4 所示。网络资源层是监测的对象，即与之交互的目标网络实体；监测层主要监测分析实体之间发送和接收的网络消息及网络的链接状态，获取反映实体行为信任的证据信息；提取层主要基于预期行为和约束规则库及功能可用性反馈机制对监测层获取的信息进一步分析和整理，把这些信息分别划分到交互证据的所属维度中，并存储到交互证据库。

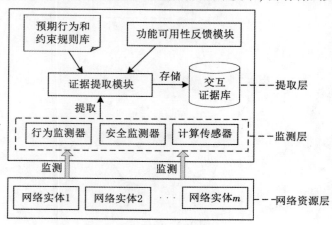

图 2-4　交互证据收集框架

2.6.2.1 监测层

监测层位于框架的中间层，由行为监测器、安全监测器和计算传感器组成，分别采集有关目标实体不同维度的交互证据，为提取层交互信任证据收集提供客观数据，各组成部分的具体功能如下。

(1)行为监测器负责采集目标实体的行为序列和约束条件序列参数，为行为一致性证据和约束一致性证据收集提供对比数据。

(2)安全监测器负责采集有关目标实体安全性的证据信息，主要监测目标为：目标实体是否非法扫描通信端口及非法扫描次数、传递的文件是否携带木马或病毒、数据包在传输过程中是否被恶意篡改、隐私或保密数据是否被泄露，安全监测器将实体交互过程中这四方面的监测结果作为目标实体的安全性证据。

(3)计算传感器负责采集网络性能参数和监视网络链接状态，为可用性、可靠性和实时性证据收集提供基础数据。计算传感器采集目标为：网络数据传输和接收的速率、网络的带宽利用率、误码率、IP 丢包率、错误修复率、请求成功率、链接失败次数、平均无故障时间、请求响应时间，将实体交互过程中这些指标的监测与计算结果作为目标实体的可用性、可靠性和实时性证据。

上述只简单介绍了行为监测器、安全监测器和计算传感器的作用及监测目标，并没有给出具体的监测技术和采集方法，因为这已超出了本书的研究范围，详细技术可参见相关文献。

2.6.2.2 提取层

提取层位于框架的最上层，由预期行为和约束规则库、功能可用性反馈、证据提取模块、交互证据库组成，主要将收集的基础数据进行加工处理得出各个维度的交互证据存储在交互证据库中，为信任模型的直接信任度评估提供主客观的证据信息，各组成部分的具体功能如下。

(1)预期行为和约束规则库主要存储目标实体预期的行为序列和约束条件序列规则，该规则由评估实体与目标实体在交互前从其声明中获取。

(2)功能可用性反馈模块主要为用户提供服务使用体验的反馈接口，用于采集功能可用性证据信息。在每次交互结束后，用户依据目标实体提供的服务与自己预期要求的符合程度作为功能可用性证据，通过反馈接口及时将使用结果反馈给证据提取模块。

(3)证据提取模块主要对监测层监测的基础数据和功能可用性反馈模块反

馈的结果进行加工处理，分别将这些证据信息划分到不同的交互证据维度之中，并将每个维度的证据信息存储到交互证据库。最终处理的各维度证据信息为：行为一致性证据和约束一致性证据分别为监测的实际行为序列和约束条件序列与预期行为和约束规则库中预期序列的匹配结果；可用性证据包括功能可用性反馈结果及网络数据传输和接收的速率、网络的带宽利用率；安全性证据为安全监测器传递的数据；实时性证据为服务请求响应时间；可靠性证据为误码率、IP 丢包率、错误修复率、请求成功率、链接失败次数、平均无故障时间。

（4）交互证据库用于存储目标实体的证据信息，该库中每条记录详细记载了交互实体的名称、交互的时间戳及各个维度的交互证据信息。

在具体实现和设计过程中，即可以基于提出的交互证据收集框架设计一个专门的监控实体，将其部署到所有网络实体的主机上来收集实体之间的交互证据，也可以将交互收集框架作为网络实体的功能扩展部署于多个网络实体上，实现交互证据的收集功能。

2.7　仿真实验与性能分析

为了体现基于信任树的推荐证据收集机制相对于已有方法的优势，本章使用 Repast 软件包搭建实现了一个信任关系网络的仿真环境。Repast①（ recursive porous agent simulation toolkit）是芝加哥大学社会科学计算研究中心研制的多主体建模工具，该工具采用基于时间片的模拟机制，在每个时间片上，主体都会与另一个主体进行交互，特别适合于模拟互联网应用中动态、分布的自主实体之间的交互行为。另外，该工具提供了一系列用以生成、运行、显示和收集数据的类库，能对运行中的模型进行"快照"，记录某一时刻模型的状态，方便研究者构建各种网络计算模式下的仿真系统，进行探索性的科学研究。

同时，在仿真环境中，分别实现了基于信任树的推荐证据收集算法、基于信任链的推荐证据收集算法和基于泛洪广播的推荐证据收集算法。通过设计一系列的模拟实验来对比分析它们的效果和性能，验证本章算法在搜索规模、搜索准确度和抵御恶意推荐等方面上的优势。

---

① 　http：//repast.sourceforge.net/

2.7.1　实体类型的定义

在信任关系网络中，按照实体间发起、转发和响应推荐请求的关系，将实体分为：请求实体、邻居实体和推荐实体三类。请求实体是发起推荐请求搜索的实体；邻居实体是与请求实体有过交互记录的实体，用于递归转发请求实体的查询请求；推荐实体是满足请求实体查询要求的实体，用于向请求实体提供所需的信任信息。推荐实体按照表现出的推荐行为，又将其分为以下两类。

（1）正常推荐实体。这类实体正常参与了邻居实体的信任评估，对邻居实体给出相对客观的信任评价，能够向请求实体提供真实、可靠的推荐信息。

（2）恶意推荐实体。本身属于一种恶意实体，具有串谋团伙，在向请求实体推荐信息时提供虚假的、不可靠的推荐信息。采用的主要方式是将团伙中恶意实体谎报为正常实体，而将系统中的正常实体谎报为恶意实体。

2.7.2　实验环境设置与性能指标

在模拟实验中，信任关系网络中的每个实体都具有三种角色：请求实体角色、邻居实体角色和推荐实体角色，角色之间相互独立，实体可以同时扮演三种角色。在每个时间片上，随机选择多个实体作为请求实体，每个请求实体随机生成一个搜索请求。依据相应的推荐证据收集算法向邻居实体发送搜索请求，如果有满足搜索要求的邻居实体，则作为该请求实体的推荐实体，并将推荐信息传递给请求实体，然后邻居实体继续转发查询请求，直到搜索结束为止。在每个时间片执行完毕时，统计每个请求实体的搜索规模、推荐实体数和恶意推荐实体数作为实验数据，然后进入下一执行时间片。为了使实验所得的数据贴近真实网络中的数据，对每个收集算法仿真执行多次，最后综合多次实验结果的平均值作为最终实验的结果。

模拟环境设置为：信任关系网络中实体规模为 100；恶意实体所占比率的取值范围为 0~80%；每个实体拥有的邻居实体数为 1~10 个，具体个数由系统随机生成，这样可以保证能够搜集到推荐实体，邻居实体是在信任关系网络创建时由模拟系统从其他 99 个实体中随机分配的；其中，正常邻居实体的信任取值范围为 $(0.5, 1]$，恶意或虚假邻居实体的信任取值范围为 $[0, 1]$，信任值小于 0.5 的恶意邻居实体为普通恶意实体，信任值大于 0.5 的恶意邻居实体为间谍实体；搜索深度的取值范围为 1~10；模拟搜索次数为 50，即仿真模型每次运行的最大时间片值，各参数的具体设置见表 2-3。

表 2-3   仿真环境参数说明

参数	缺省值	描述
E	100	信任关系网络中实体规模
NE	1~10	邻居实体规模的取值范围
ME	0~80%	恶意实体的比率范围
T	0.5~1	正常邻居实体的信任取值范围
MT	0~1	恶意或虚假邻居实体的信任取值范围
L	1~10	搜索深度的取值范围
T	50	模拟搜索次数(最大时间片值)

评价推荐证据收集算法性能优劣的主要指标有搜索规模和搜索准确度,为此,从这两方面分析和评估算法的性能。

搜索规模是指请求实体在信任关系网络中搜索推荐证据所遍历的节点个数,如果一个节点被重复遍历多次,则节点个数重复计数。采用网络平均遍历节点个数 ATE 作为评价搜索规模的指标,平均遍历节点个数越多,说明搜索规模越大,网络通信负载就越繁重,相反平均遍历节点个数越少,说明网络通信负载就越轻。设在第 t 个时间片请求实体的个数为 n_t,第 i 个请求实体遍历的节点数为 $N_{i,t}$,其中,$1 \leqslant t \leqslant T$,$i \leqslant n_t$,则 ATE 定义为式(2-1)。

$$ATE = \frac{1}{T} \sum_{t=1}^{T} \left(\frac{1}{n_t} \sum_{i=1}^{n_t} N_{i,t} \right) \tag{2-1}$$

搜索准确度是指响应请求实体的推荐实体中正常推荐实体所占的比率,反映搜索算法过滤恶意或虚假推荐的能力。采用平均网络查准率 APR 作为评价搜索准确度的指标,平均查准率越高,说明算法过滤恶意推荐的能力越强,信任评估的准确性也就越高,相反平均查准率越低,说明算法过滤恶意推荐的能力越弱,将导致信任评估准确性降低。设在第 t 个时间片请求实体的个数为 n_t,响应第 i 个请求实体的推荐实体个数为 $R_{i,t}$,恶意推荐实体个数为 $M_{i,t}$,其中,$M_{i,t} \leqslant R_{i,t}$,则 APR 定义为式(2-2)。

$$APR = \frac{1}{T} \sum_{t=1}^{T} \left(\frac{1}{n_t} \sum_{i=1}^{n_t} \frac{R_{i,t} - M_{i,t}}{R_{i,t}} \right) \tag{2-2}$$

2.7.3 仿真结果及其讨论

实验 2-1 搜索深度对搜索规模的影响及讨论。

该实验目的在于验证 TrustTree 算法通过去掉重复遍历节点和无效搜索节点后，能否有效减小网络搜索规模。实验假设信任关系网络中有 40% 的恶意实体，可信邻居实体选择的信任阈值为 0.6，由于搜索深度影响搜索规模的大小，所以，实验通过调整搜索深度来观察三种算法搜索规模的变化情况。

如图 2-5 所示的实验结果对比可以看出，在搜索深度为 1 时，Flood、TrustList、TrustTree 三种搜索算法的搜索规模相差不大，TrustList 和 TrustTree 算法相差不多，比 Flood 算法优势稍微明显一点，这主要因为搜索深度为 1 时只遍历邻居节点，所以，不会出现节点重复遍历的情况，而且 TrustList 和 Trust-Tree 算法将邻居节点中的恶意节点进行了过滤。随着搜索深度的增加，三种算法的搜索规模都呈递增趋势，这也恰好验证了搜索深度对搜索规模的影响，但 TrustTree 算法的优势体现比较明显。随着搜索深度的增加，TrustTree 算法的搜索规模比较明显小于 Flood 和 TrustList 算法，特别当搜索深度达到 5 时，Trust-Tree 算法受搜索深度的影响较小。这主要因为搜索深度的增加使得可遍历节点数增多，而且出现了大量节点被重复遍历的情况，导致搜索规模呈递增趋势，尤其是 TrustList 算法增加趋势比较明显，主要原因就是对多个节点进行了重复遍历。而 TrustTree 算法由于对同一节点不重复遍历，所以搜索规模较小。通过实验的对比分析，可以得出 TrustTree 算法能够有效地降低网络的搜索规模，从而减小了网络的带宽开销。

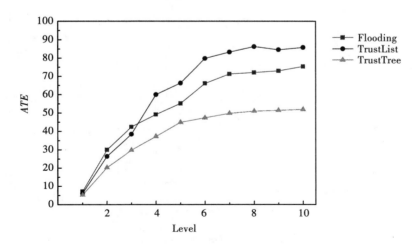

图 2-5　搜索规模的对比分析

实验 2-2 搜索深度对搜索准确度的影响及讨论。

该实验目的在于验证 TrustTree 算法引入判定可靠推荐能力实体的方法后，能否有效提高推荐搜索的准确度。实验同样假设信任关系网络中有 40% 的恶意实体，可信邻居实体选择的信任阈值为 0.6，由于搜索的准确度与搜索深度有关，所以实验考察算法在不同搜索深度下的准确度。

由图 2-6 的实验结果对比可以看出，TrustTree 算法较之 Flood 和 TrustList 算法有较好的平均查准率。在搜索深度为 10 时仍能够达到 80% 以上的查准率，而 Flood 和 TrustList 算法的查准率却较低，这是因为 TrustTree 算法在转发搜索请求时对邻居实体的可靠推荐能力判定的缘故。当搜索深度小于 5 时，Flood、TrustList、TrustTree 三种算法的平均查准率都变化比较大，这是因为在搜索到的推荐实体中，正常推荐实体和恶意推荐实体的数量不确定所致。当搜索深度大于 5 时，TrustTree 算法的平均查准率基本保持在一个稳定的值，而 Flood 和 TrustList 算法平均查准率呈下降趋势。这是因为搜索深度越深，正常推荐实体搜索到的概率就越小，所以 TrustTree 算法在搜索深度较大时基本为一个稳定值，但是搜索深度越深搜索到恶意推荐实体的概率却越大，所以 Flood 和 Trust-List 查准率呈下降趋势。通过实验的对比分析，可以得出 TrustTree 算法能够有效地提高网络搜索准确度。

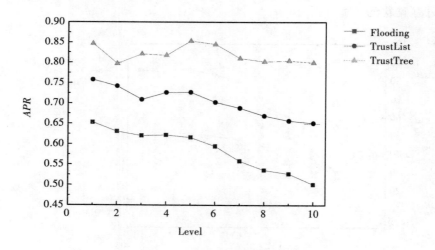

图 2-6 搜索准确度的对比分析

实验2-3 恶意实体对搜索准确度的影响及讨论。

该实验的目的在于验证信任关系网络中恶意实体比率增加时，TrustTree 算法能否有效地抵御恶意推荐和串谋欺诈等攻击行为。实验假设算法搜索深度为6，通过调整信任关系网络中恶意实体的百分比来考察三种算法搜索准确度的情况。

由图2-7 的实验结果对比可以看出，当信任关系网络中的恶意实体比率小于 20% 时，Flood、TrustList、TrustTree 三种算法都有较好的平均查准率，TrustTree 算法优势稍微明显一点，这是因为网络中恶意实体比较少的缘故。但是，当恶意实体比率逐渐增大时，TrustTree 算法的效果则明显好于 Flood 和 TrustList 算法，在恶意实体比率为 80% 时，其搜索准确度仍能达到 75% 左右，而 Flood 算法的搜索准确度下降到 30% 左右，这主要因为 TrustTree 算法在搜求请求转发时引入的实体推荐可靠性判定起到作用，能够有效识别出恶意实体和间谍实体，而 TrustList 算法在转发搜求请求时虽然能够识别出恶意实体，但缺乏识别间谍实体的能力导致其平均查准率小于 TrustTree 算法。Flood 算法的搜索准确度最低，这是因为该算法在转发搜求请求时不具有区分恶意实体和间谍实体的能力，所以恶意实体数量的增加将导致其查准率下降较快，基本与恶意实体的比率成反比。通过实验的对比分析可以得出，TrustTree 算法在抵御恶意推荐和串谋欺诈等攻击行为方面具有很大优势。

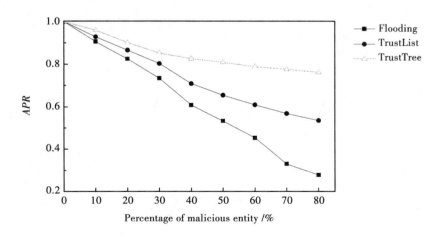

图2-7 APR 随不同规模恶意实体的变化规律

2.8 本章小结

本章在深入分析信任证据特征的基础上，总结出能够反映实体信任的三大类证据：声明证据、推荐证据和交互证据，并以此提出了一个信任证据模型，为网络实体的信任评估提供了证据的规范性支持。基于信任证据模型各个维度的证据，分别给出了基于信任树搜索的推荐证据收集机制和基于行为监测的交互证据收集机制，为信任模型的信任证据收集提供了相应的技术支持。最后通过仿真实验验证了基于 TrustTree 的搜索机制与已有方法相比，能够有效地降低网络的搜索规模，并且具有较高的搜索准确度。

3　基于实体上下文和时间戳的多维信任模型

3.1　问题提出

近年来，随着 Internet 技术的不断发展和软件服务化理念的日益成熟，以服务计算、云计算、虚拟计算及协同计算为主的新型互联网计算模式得到了广泛应用，已成为在互联网上构建大规模分布式应用的一种主要技术。但是，通过前面章节分析可知，新型互联网计算模式因为开放性及实体的自治性和可协作性等本质特征，为恶意实体提供虚假甚至恶意服务创造了有利条件，易造成系统的安全性和可用性降低等问题。同时，很难对参与协作的自治实体的行为进行规范或约束，易造成自私实体不主动积极地参与协作，从而降低了实体协作的有效性。导致出现这些问题的本质原因就是系统使用了恶意实体提供的虚假或恶意服务。信任机制作为对传统安全措施的有益补充，特别适合于解决新型互联网计算模式下的实体跨域协作、可信实体选择和激励实体有效协作等问题。因此，如何建立互联网下准确、可靠的信任模型，适应新型互联网计算模式的发展需求，已经成为当前新一代互联网技术研究的热点和关键问题。

目前，信任模型和信任管理技术作为解决互联网安全问题的新方法和新思想，引起了研究者的广泛关注，出现了多种针对于不同计算模式的信任评估方法和模型。但是，现有模型大部分只给出了信任关系建立和评估的数学模型，以及信任评估和更新的方法，缺乏对模型总体框架的介绍。而采用的信任评估方法大致分为全局信任评估和局部信任评估两种方法，全局信任评估方法主要收集网络中所有与被评估实体有过交互经验实体的反馈信息作为信任评估证据，计算被评估实体的全局信任度，这种方法由于缺乏对直接信任和推荐信任的区分，致使模型的主观性和动态性不足。局部信任评估方法主要依据评估实体自己的交互经验和网络中其他有经验实体的交互经验作为信任评估证据，综合计算被评估实体的信任度，该法具有主观性强的特点，比较适用于评估新型互联网计算模式中自治实体间的信任关系。但是，采用局部信任评估方法的模型在以下三方面还存在不足之处。

（1）多数局部信任模型为了片面地追求评估效率，只考虑实体为"研究对象"，把实体看作一个"原子单元"，来评估和计算实体的信任值，在每次交易和协作后，只对实体交互的成功与否进行评价，最后通过统计成功和失败的次数得出归一化的信任值，在评估过程中缺乏对实体具体上下文条件的考虑。然而，由第2章信任的属性分析可知，信任具有上下文相关性，因此，需要在某种上下文条件下考虑实体的可信与否，如实体提供三类服务，如果实体在请求某种服务的上下文条件下认为实体是可信的，并不意味着对所有服务请求都是可信的。

（2）大多数局部信任模型在计算直接信任度时只采用较简单的单维度评价策略，评估实体只对历史交互的成功与否进行单一的评价，以历史交互成功与否的经验作为信任评估证据，缺少对实体交互过程中多维服务质量的评估，给出的信任评价粒度较粗，致使信任评估证据不充分。模型进行 n 次收敛运算之后所有成功提供服务的实体信任度相同，然而，由于提供的服务质量不同即使成功进行了交易实体的信任度也应该有区别。

（3）多数模型的可靠性和健壮性较差，主要体现为抗串谋攻击的能力，因为信任模型作为一种"软安全"机制，自身的安全性和鲁棒性也非常重要。由于现有信任模型在计算推荐信任度时缺乏有效的识别恶意推荐和虚假推荐实体的方法，采纳了一些不准确或恶意的推荐信息作为评估证据。因为这些模型一般假设信任值高的推荐实体其推荐证据的可信度也高，但这种假设对于间谍实体很难成立，致使实体的推荐信任度计算不准确，所以只能检测和抵制单个恶意实体等简单的攻击行为，而对间谍实体和串谋团体等复杂隐蔽的协同攻击行为缺乏有效的识别和抵御机制。

由上述分析可知，目前的信任评估方法还不完善，不能完全解决新型网络计算模式下自治实体的信任评估问题。为此，本章将针对已有信任模型和评估方法存在的不足，分析信任建模的特点和需要注意的问题，给出信任模型设计的基本原则，采用第3章提出的信任证据收集机制，构建一个局部信任评估模型的总体框架，对框架中各模块的功能和任务进行描述。然后，通过将实体上下文和时间戳因素引入到信任评估中,提出了一个基于实体上下文和时间戳的多维信任评估模型,并对模型的形式化表示和具体评估方法进行了描述,包括信任等级模型的构建、基于多维证据的交互满意度评估方法、基于满意度迭代的直接信任评估方法、基于推荐可靠度的推荐信任度聚合方法及总体信任度评估方法。

3.2　模型设计的基本原则

为了满足新型互联网计算模式下应用的安全性和可用性需求,信任模型建模应遵循以下基本原则。

（1）准确性（accuracy）,是指信任模型对实体信任度评估的准确程度,是衡量模型性能优劣的一个重要指标。可以从客观符合度和主观符合度两方面度量和提高模型的准确性。客观符合度用来衡量信任模型的评估结果与被评估实体真实能力的符合程度,符合度越高,说明模型的评估结果越准确。主观符合度用来衡量信任模型的评估结果与评估实体期望结果的符合程度,评估结果与评估实体的期望结果越一致说明模型的准确性越高。

（2）健壮性（robustness）,是指模型抵御恶意攻击和虚假作弊行为的能力。由于网络中的恶意实体或团伙为了达到攻击应用系统的目的,试图采取间谍攻击、策略性攻击、协同作弊等手段绕过或摧毁信任系统,甚至有些恶意实体利用特定的信任算法和模型的缺点对信任系统实施攻击。所以,在信任模型设计时需要充分考虑模型自身的健壮性,采取有效的措施来抵御各种恶意行为和作弊行为的攻击,并且防止模型的缺点被恶意实体利用。

（3）可扩展性（scalability）,是指模型适应分布式应用系统规模、计算和存储不断增长的能力,是衡量模型能否满足应用需求变化的一个重要指标。由于在新型互联网计算模式下,应用系统一般通过增加实体实现系统的动态演化和业务扩展,在设计信任模型时需要充分考虑模型的可扩展性。可以从两方面提高模型的可扩展性:一是能够识别和评估新增实体的信任关系,满足实体数量上的扩展;二是能够满足额外的计算和存储开销,因为实体数目的增加导致模型处理的信任信息增多,其计算和存储开销相应增加。为了满足对计算和存储能力的可扩展,建模时需要考虑模型的网络成本、存储成本、负载均衡、计算复杂度等问题。

（4）动态适应性（dynamic adaptability）,体现了模型在各种动态变化和不确定因素的影响下持续稳定地提供准确信任评估的能力。因为网络中实体的实际能力随着环境、时间、上下文等因素的变化而动态变化，一个适应能力强的模型能够根据这些因素的变化动态自适应的调整评估策略以提高信任评估的准确度。

（5）高效性（efficiency），是指模型及时有效地处理信任信息的能力。信任模型是独立于为应用之外的为其提供信任服务的一种安全措施，目的是为可信实体的选择提供可靠的决策支持，但为了不影响应用的性能模型必须及时高效地处理信任信息，快速地为应用提供决策策略。在模型设计时可以从减小信任计算的复杂度、提高信任证据的搜索速度及采用简捷高效的信任评估方法等方面考虑提高模型的高效性。

（6）激励和惩罚机制（incentive and penalty mechanism），激励和惩罚机制体现了模型对实体持续提供可靠服务的促进能力及对恶意或虚假行为的抑制能力。因为对于互联网计算环境而言，由于无法直接控制自治实体的参与行为，常常使得应用系统面临严重的可用性问题，所以在信任模型设计时必须采取一种有效的激励和惩罚机制，激励实体积极提供可靠服务并对其他实体给出正确的评价，同时，严厉抑制恶意和虚假实体的不良行为。

3.3　模型的总体框架

信任模型是建立在实体信任证据基础上，依据实体的历史行为表现评估实体的信任度。为此，采用第 2 章提出的信任证据模型和证据收集机制，并遵循上述模型设计的基本原则，设计了一种局部信任评估模型的总体框架，如图3-1所示。该框架由八个模块组成，分别为任务解析、交互证据收集、推荐信任查询、交互满意度评估、直接信任度评估、推荐信任度评估、总体信任度评估、决策推理，旨在完成交互证据收集、信任关系评估和维护、可信实体决策等功能。各组成部分的具体功能描述如下。

（1）任务解析主要负责完成网络实体请求任务的解析工作，从中识别出网络实体需要查询的目标实体，并分别将其发送给推荐信任查询和直接信任度评估模块。因为，在互联网计算模式下为保证应用的可用性和安全性，网络实体在使用目标实体提供的服务之前，需要向信任模型发送目标实体信任度的查询请求，依据信任模型返回的决策结果来确定是否接受该目标实体提供的服务，所以信任模型第一步首先要解析网络实体的任务请求。

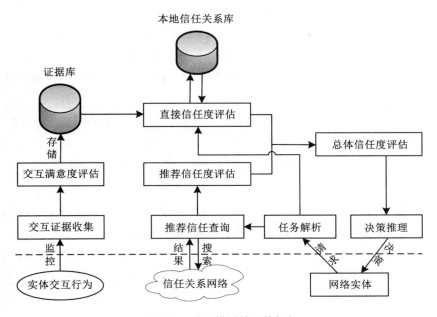

图 3-1 信任模型的总体框架

（2）交互证据收集类似于传统模型的信任证据反馈机制，是直接信任证据的主要来源。其核心是采用第 2 章提出的基于行为监测的交互证据收集机制，主要负责监测实体之间的交互行为，获取有关目标实体的主客观交互证据信息，为交互满意度评估提供基础数据。

（3）推荐信任查询的主要职责是从信任关系网络中查询目标实体的推荐实体，获取网络中其他推荐实体对目标实体的信任评价信息，以此为综合推荐信任度评估提供推荐证据信息，其内部实现机制采用第 3 章提出的基于信任树的可靠推荐证据收集机制。

（4）交互满意度评估主要负责完成对交互证据信息的量化工作，利用定义的信任等级模型和交互满意度评估方法对目标实体提供服务的满意程度进行评估，将每次交互的满意度评估结果作为历史证据信息存储在证据库中。该模块维护一个证据库，存储所有交互实体的交互满意度值，其内部利用交互时间戳来区分同一实体不同时刻的交互满意度值。

（5）直接信任度评估是信任模型的核心部分，主要维护和管理自己邻居实体的信任值，包括评估邻居实体的直接信任度、维护和演化与邻居实体的直接信任关系、为网络中其他实体提供自己邻居实体的信任值。依据历史交互满意度，采用相应的直接信任度评估方法对邻居实体的直接信任关系进行评估和演化。在其内部维护一个本地信任关系库，存储所有邻居实体的信任关系信息。

（6）推荐信任度评估用于综合评估网络中其他有经验实体对目标实体的信任度。该模块主要依据推荐信任查询模块提供的推荐信任证据信息，利用定义的推荐信任度聚合方法实现推荐信任评估任务。

（7）总体信任度评估主要从全局角度评估目标实体的信任度。主要利用定义的总体信任度计算方法对目标实体的直接信任度和推荐信任度进行综合计算，将计算结果作为目标实体的总体信任度，以此作为信任决策推理的主要依据。

（8）决策推理主要提供可信目标实体选择的决策支持。依据目标实体的总体信任度和预定的实体可信阈值来判定目标实体的可信与否，在一组可信的目标实体中，综合权衡网络的整体性能、实体的连接数量和实体的性能等综合指标选择一个最优的目标实体，以此作为决策结果返回给实体。并未对决策推理机制和方法进行研究，因为这已超出了信任建模和评估的范畴，需要专门的课题进行深入研究。

3.4　模型的形式化表示和评估方法

新型互联网计算模式下的分布式应用系统由多个自治的网络实体组成，这些网络实体处于不同的自治域内，具有高度的自治性和动态性，彼此通过确定的信任关系关联到一起，形成一个虚拟的计算环境。系统中所有实体都可以主动地发起任务及向其他实体请求服务，同时也是应用资源和服务的提供者。依据实体不同的行为表现，将实体划分为：服务提供实体、服务请求实体和信任推荐实体三类角色，每个实体可以同时扮演这三类角色。为了区分实体及便于让其他实体发现自己提供的服务，每个实体都具有全局唯一的标识和一组可信属性，以及向外发布的能力声明和行为声明。网络实体具体定义如下。

定义 3-1　网络实体（network entity）　是指互联网中具有自治能力的，能够通过请求或提供服务协同完成应用既定任务的实体或进程，如 Web 服务、网格节点、P2P 节点、Agent、传感器节点、移动设备等网络元素。

为了形式化的表示信任模型，用符号 $e_1, e_2, \cdots, e_n$ 表示组成新型互联网应用系统的 N 个自治网络实体，称集合 $E = \{e_1, e_2, \cdots, e_n\}$ 为系统的实体域。任意实体 $e_i \in E$ 提供服务的集合表示为 $S = \{s_1, s_2, \cdots, s_n\}$，请求服务的集合表

示为 $C=\{c_1, c_2, \cdots, c_m\}$，其中 $S \cap C=\varphi$，说明实体要请求自身不提供的服务。在系统中存在一个服务请求域为 $SR \subseteq E$，服务提供域为 $SP \subseteq E$，使得 $\forall e_i \in SR$，$\exists e_j \in SP$，满足操作 τ：$e_i \xrightarrow{c_w} e_j$，称操作 τ 为实体在 c_w 条件下的协作活动，$c_w \in C$ 表示实体协作的上下文条件。由于信任模型是通过服务使用体验来评估交互实体的信任度，因此，为了更加精确地度量实体在每个服务条件下的信任程度，把请求服务集合 C 作为评估网络实体信任度上下文条件的集合。

操作 τ 能否成功的关键在于实体 e_j 的行为是否可信，如果实体 e_j 的行为与其声明不一致，不能完成实体 e_i 的请求任务则导致操作失败，系统的可用性将受到影响。甚至如果实体 e_j 具有恶意行为，则实体 e_i 很有可能将遭受到实体 e_j 的攻击，系统的安全性将受到严重影响。因此，为了保障应用系统的可用性和安全性，内部实体在操作 τ 执行前必须确保协作实体的行为可信，要利用信任模型评估协作实体 e_j 的信任度，依据评估结果做出是否与其协作的决策。

3.4.1 信任等级模型

信任评估模型主要基于收集到的信任证据和定义的信任等级评估实体的信任度，而信任等级则为模型提供实体信任程度分级量化的表示方式，定义信任度的取值空间，有助于制定信任规则的分级标准，其定义如下。

定义 3-2 信任等级(trust level) 是指描述和刻画网络实体信任程度级别的表示方式，是评估实体对目标实体行为假定的信任期望的程度或级别，也称信任度。

通过第 1 章的信任表示方法和语义分析可知，离散级别的数值表示法比较适用于信任程度的描述，因为信任不应该被简单地看作为一个二元逻辑值，而是有程度之分、可以划分为不同等级的，同时，每个等级必须定义明确的语义信息。为此，将采用离散级别的数值表示法来描述网络实体信任的程度，在满意度评估时依据监测到的信任证据对网络实体进行信任等级评价。

已有的信任模型虽然给出了多种信任等级，但都没有给出信任等级划分的基本原则和依据，这也是导致现有信任等级多样化的一个主要原因。通过多次实验总结得出，信任等级划分需要满足以下基本原则。

(1)信任等级划分粒度要适中。信任等级粒度的大小直接影响信任度计算的准确度和模型的存储及计算开销，划分的粒度越小信任度计算越准确，但模型的存储及计算开销越大。相反，粒度越大模型将节省大量存储和计算开销，但信任度计算的准确度无法保障。因此，在划分信任等级粒度时要充分权衡模型的性能和计算的准确性，既可以保证计算的准确度，同时又能保证存储及计算开销在容忍范围内。

（2）不信任的程度也应有强弱之分。很多模型只将信任的程度进行了多个等级划分，而没有对不信任的程度进行等级划分，统一定义为不信任等级。但是，往往即使对实体不信任也应该是有不同程度和强弱之分的。

（3）应将恶意等级和不信任等级区分。通常评估网络实体信任程度的指标有多个，只有多个指标同时不满足时认为完全不信任。但有时在其他指标满足的情况下，而安全性指标不满足，如具有恶意攻击、非法扫描端口等，此时实体是最危险的，应该对其进行严厉惩罚。因为实体恶意行为和不可信行为的区别是，恶意行为明确表示实体的恶意性，而不可信行为只是表示没有达到实体的预期要求。因此，在信任等级划分时要将恶意等级与不信任等级单独处理，便于对实体的恶意行为进行惩罚。

基于以上原则，通过多次试验分析得出在粒度为 8 时，既可以保证计算的准确度，又能保证存储及计算开销在容忍范围内。因此，将实体信任程度划分了 8 个等级，建立了一个粒度为 8 的信任等级模型，如图 3-2 所示，划分为恶意级、完全不信任级、不信任级、弱不信任级、不确定级、弱信任级、信任级、完全信任级，分别采用符号 Ma, d_H, d_M, d_L, n, b_L, b_M, b_H 表示，集合 $L=\{\mathrm{Ma}, d_\mathrm{H}, d_\mathrm{M}, d_\mathrm{L}, n, b_\mathrm{L}, b_\mathrm{M}, b_\mathrm{H}\}$ 则被称为信任等级评价空间。

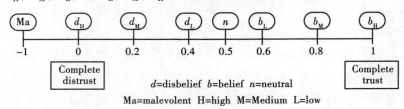

图 3-2　信任等级模型

为了易于模型量化计算，对信任等级评价空间中的每个信任等级赋予一个具体的信任值，各信任等级对应的具体数值及其表示的语义信息见表 3-1。除恶意等级外，其他等级取值范围均为 [0，1] 的离散实数值，其中，用 1 表示对实体行为的完全信任，用 0 表示实体行为的完全不信任，用 0.5 表示对实体行为的不确定，用 -1 表示对实体恶意行为的严厉惩罚。

表 3-1   信任等级及其语义

信任等级	信任值	语义描述
Malevolence	−1	表现为恶意行为
High disbelief	0	完全不信任
Medium disbelief	0.2	一般不信任
Low disbelief	0.4	较低不信任
Neutral	0.5	不确定
Low belief	0.6	低信任
Medium belief	0.8	一般信任
High belief	1	完全信任

3.4.2 影响信任的因素分析

为了能够向服务请求实体提供可信决策，使其选择一个安全可靠的实体进行协作，信任模型需要准确、有效地刻画出网络实体真实的信任程度，实时地反映网络实体当前信任度的状况。为了提高网络实体信任度评估的准确性，在信任建模时需要考虑影响信任的一些因素，并将其引入信任评估中。通过对人际网络中信任关系的分析，认为影响信任的因素主要有以下四种。

（1）近期行为对实体信任度评估的影响。一般情况下，一个实体近期内的行为表现最能够直接反映出其当前的行为状态，在信任评估时应具有较大参考价值。依据近期行为的表现评估实体的信任度，可以比较准确地体现出实体目前真实的可信程度，有效防止实体行为随时间振荡的发生。但是，并不意味着实体早期的行为表现没有任何参考价值，只是没有近期行为表现参考的价值高。例如，应用中一个服务提供实体如果在以往一直持续提供好的服务，那么其信任度必然较高。但是，如果实体在近期遭受了恶意攻击，不能继续完成请求实体的任务，此时，信任模型应能够及时地根据近期实体的行为表现，调整服务提供实体的信任度。

（2）不同上下文条件对实体信任度评估的影响。通常，一个实体在不同的上下文条件具有不同的能力，也就是说，在某个上下文条件下可以提供较好的服务，并不代表在其他上下文条件也能够提供好的服务，因此，在信任评估时应依据实体当时所处的上下文条件来评估实体的信任度。例如，一些伪装的恶意实体和部分虚假实体采用的攻击策略是，在某些条件下提供部分好的服务来积累信任值，信任值积累到一定程度后，则在其他上下文条件下提供恶意或虚假服务达到攻击的目的，而采用上下文机制可以较好地克服这类恶意实体对信任评估的影响。

（3）时间因素对实体信任度评估的影响。由信任的性质可知，实体之间的信任关系具有时间衰减性，会沿着时间轴方向逐渐减小直到衰减停止。例如，如果两个实体在很长一段时间内没有任何交互记录，建立在以前交互证据基础上的实体信任度，只是记录那个时刻实体信任的程度，而在这一段时间内实体行为有可能发生了变化，并且以前交互证据在当前时刻参考价值也有所降低，其信任程度必然减小。因此，在信任建模时需要将时间因素引入到信任评估中。

（4）直接交互证据因素对实体信任度评估的影响。信任模型一般基于观察或收集到的直接交互信任证据和推荐信任证据评估实体的信任度，由于直接交互证据是评估实体通过亲身体验和观察所得，证据的真实性和可靠性比较有保证，而且每个实体都有自己的评估标准，直接交互证据更加接近实体的目标和需求，能真实地反映对目标实体提供服务能力的满意程度。因此，直接交互证据因素对实体信任度评估具有较大的参考价值，信任建模时应需要重点考虑。

3.4.3　基于多维证据的交互满意度评估方法

交互满意度（interaction satisfaction degree）是指在交互过程中对目标实体提供服务能力的满意程度。在互联网计算模式下，实体 e_i 每次完成操作 τ 之后，根据自己的服务体验或相应评价标准对目标实体 e_j 的交互满意度进行评估，将多次交互满意度评估的结果作为实体直接信任关系的评估依据。因此，实体的历史交互满意度体现了它的直接交互经验，其评估的准确与否将直接影响直接信任关系评估的准确性。

如何准确和客观地评估实体的交互满意度是信任评估和建模的关键。现有信任模型一般只通过交互的成功与否来评估实体的交互满意度，交互成功则评估为满意，交互失败则评估为不满意，或者通过服务的使用体验主观地对实体给出满意或不满意的评估。但在实际应用中即使所有实体交互成功，其服务的能力也有差别，不应只给出简单的满意或不满意评价，而是需要依据客观证据给出一个相对精确的满意度评价等级，才能保证评估的准确性和客观性。为此，基于前文建立的信任证据模型和信任等级模型，提出了一个基于多维证据的交互满意度评估方法。该方法主要依据证据收集模块收集到的多维交互证据，分别从不同侧面和角度评估目标实体交互满意度的等级，然后对各个侧面评估的等级进行综合计算，得出该次交互过程中对目标实体的交互满意度。

依据信任证据模型定义的多维交互证据，主要从 6 个侧面评估实体的交互满意度，具体评估指标定义为：可用满意度、可靠满意度、安全满意度、实时满意度、行为一致满意度和约束一致满意度。为了便于对模型进行形式化的研究和推理，分别用 Tr_1，Tr_2，Tr_3，Tr_4，Tr_5，Tr_6 表示各个评估指标；其集合 $TR = \{Tr_1, Tr_2, \cdots, Tr_6\}$ 表示为评估指标集。系统中的所有实体在每次交互或协作完成之后，都要按照指标集 TR 中的各个指标从不同侧面评估目标实体的交互满意度。

在交互满意度评估指标的基础上，为了客观地判定目标实体在每个指标下的交互满意度等级，需要定义满意度等级评价标准，即信任等级规则。信任等级规则主要基于信任等级模型为满意度等级提供一种分级规范，将网络实体的可用性、可靠性、安全性、实时性、行为一致性和约束一致性按照一定的标准进行分级。其中，恶意等级只用于实体的安全性评估，如在交互过程中当监测到目标实体存在恶意攻击、非法搜索、数据泄露或传递的文件中携带木马、病毒等情况，则在安全性满意度指标下判定为恶意等级，否则，判定为信任等级。信任等级规则在制定时要遵守相应标准，这一部分并不是课题研究的主要内容，因此，假设已经存在相应标准，按照标准进行分级，具体分级规则定义见表 3-2。

表 3-2　　　　　　　　　　　　　　信任等级规则

信任证据名称	信任度量定义	信任证据名称	信任度量定义
可用性	b_H：非常好用 b：比较好用 b_M：基本可用 n：不确定 d_M：部分不可用 d：不可用 d_H：完全不可用	可靠性	b_H：非常可靠 b：比较可靠 b_M：基本可靠 n：不确定 d_M：部分不可靠 d：不可靠 d_H：完全不可靠

续表 3-2

信任证据名称	信任度量定义	信任证据名称	信任度量定义
安全性	b_H：非常安全 Ma：具有病毒、木马、恶意攻击、非法扫描或数据泄露	行为一致性	b_H：非常一致 b：比较一致 b_M：基本一致 n：不确定 d_M：部分不一致 d：不一致 d_H：完全不一致
实时性	b_H：非常好 b：比较好 b_M：一般 n：不确定 d_M：比较差 d：差 d_H：非常差	约束一致性	b_H：非常一致 b：比较一致 b_M：基本一致 n：不确定 d_M：部分不一致 d：不一致 d_H：完全不一致

在评估目标实体交互满意度时，依据制定的信任等级规则及收集到的可用性证据、可靠性证据、安全性证据、实时性证据、行为一致性证据和约束一致性证据，分别从 6 个侧面评估实体的交互满意度，其等级评估定义如下。

定义 3-3 设系统中 $\forall e_i \in E$ 评估实体 e_j 交互满意程度的指标集为 TR，则称函数 $f: TR \to L$ 为交互满意度等级评估函数，其中，集合 L 为信任等级评价空间。

在评估得出每个指标的交互满意度之后，对各个指标的度量值进行综合计算，得出对目标实体的该次交互满意度。为了提高信任评估的准确性和动态适应能力，反映出实体在某一时刻和上下文条件下的交互满意度，以及体现信任关系随时间变化而衰减的特性，将影响信任的上下文和时间戳因素引入到了交互满意度评估中，其具体表示和计算方式如下。

定义 3-4 设 $\eta(e_i, e_j, c_w, t)$ 表示实体 e_i 对实体 e_j 在时间戳 t 时刻和上下文 c_w 条件下的交互满意度，令

$$\eta(e_i, e_j, c_w, t) = \begin{cases} -1, & f(Tr_3) = \text{Ma} \\ \sum_{x=1}^{6} w(Tr_x) \times d\big(f(Tr_x)\big), & \text{其他} \end{cases} \quad (3-1)$$

式中，$d(y)$ 为数值转换函数，用于将 $f(Tr_x)$ 评估的满意度等级转换为对应的数值，对满意度进行量化计算。参数 $w(Tr_x)$ 是度量指标 $Tr_x \in TR$ 的权重因子，用于表示度量指标对信任评估影响的重要程度，且满足：

$$\forall w(Tr_x) \in (0, 1), \quad \sum_{x=1}^{6} w(Tr_x) = 1$$

由于每个评估实体在对目标实体提供的服务评价时对满意度要求程度不同，所以属性指标权重 $w(Tr_x)$ 对每个实体应当是不同的，应依据用户对服务质量要求的偏好度动态分配。例如，用户对服务的安全性和正确性偏好度较高，则这两个度量指标的权重就应较大一些。设 $B(Tr_x)$ 表示用户对度量指标 Tr_x 的偏好度，每个指标偏好度的大小可以采用模糊层次分析法得出或由用户在使用过程中依据自己的兴趣爱好动态输入得到，则每个度量指标的权重计算公式如式（3-2）。

$$w(Tr_x) = \frac{B(Tr_x)}{\sum_{x=1}^{6} B(Tr_x)} \quad (3-2)$$

式（3-1）分别采用了两种不同场景计算实体交互满意度的值，第一种场景是对恶意行为进行单独处理，如果安全性满意度评估结果是恶意等级，说明目标实体是恶意实体或者可能遭受到了恶意攻击，则不考虑其他指标的评估结果，将实体的交互满意度设置为-1。第二种场景则对每项指标评估的等级与相应权重因子 ir_i 乘积求和，得出在时间戳 t 时刻和上下文 c_w 条件下对目标实体该次交互过程中服务提供能力的满意度评价值。该交互满意度评估方法通过采用多维信任证据，利用上述两种计算场景综合评估实体的交互满意度，既考虑了对恶意实体单独处理情况，同时，还考虑了每个实体对满意度的不同要求，能够有效提高满意度评估的准确性。

实体 e_i 对实体 e_j 进行交互满意度评估之后，需要对评估结果进行存储，用 SR 表示实体 e_i 与其交互过实体的满意度评估记录，$sr_{ij} = \{sr_{ij}(c_1), sr_{ij}(c_2), \cdots, sr_{ij}(c_m)\}$，且 $sr_{ij} \in SR$ 表示实体 e_i 对实体 e_j 的交互满意度评估记录，$sr_{ij}(c_w)$，$w \in [1, m]$ 表示实体 e_i 对实体 e_j 在上下文 c_w 条件下的评估序列，记录了实体 e_i 与实体 e_j 在上下文 c_w 下每次交互的满意度评估值，$sr_{ij}(c_w) = \{\eta(e_i, e_j, c_w,$

$t_1)$, $\eta(e_i, e_j, c_w, t_2)$, $\cdots$, $\eta(e_i, e_j, c_w, t_n)\}$, 在该评估序列中以交互时间戳的先后为顺序进行排序。实体 e_i 与实体 e_j 在上下文 c_w 条件下每次交互之后都要对评估序列 $sr_{ij}(c_w)$ 进行及时更新，其更新操作可以采用公式表示为 $sr_{ij}(c_w) = sr_{ij}(c_w) \cup \{\eta(e_i, e_j, c_w, t_{n+1})\}$。

3.4.4　基于满意度迭代的直接信任度评估方法

直接信任度(direct trust degree)是指实体依据自己的历史经验对目标实体评估产生的信任程度。作为表达实体历史经验信息的交互满意度在直接信任度评估过程中具有重要作用，对将来交互结果的预测能够产生一种良好的指示，是直接信任度评估最直接、最可靠的数据来源。但交互满意度在时间上具有先后顺序，不同时期的交互满意度反映实体不同阶段的行为表现，所以在评估直接信任度时不能将所有历史交互满意度同等对待。通过 3.4.2 节对影响信任的因素分析可知，实体近期的行为表现对于其信任度的评估具有重要的参考价值，所以在直接信任度评估时应重点考虑近期的交互满意度对信任评估的贡献。同时，由于信任还具有较强的动态性，能够随着时间或者新的交互满意度而动态变化，所以在直接信任度评估时还要充分考虑信任的动态性。基于以上两点分析，给出一种基于满意度迭代的直接信任度评估方法，具体方法如下。

定义 3-5　设 $T_D(e_i, e_j, c_w, t)$ 表示实体 e_i 对实体 e_j 在上下文 c_w 条件和时间戳 t 时刻下的直接信任度，即对实体 e_j 历史交互满意度的迭代计算，令

$$T_D(e_i, e_j, c_w, t) =$$

$$\begin{cases} 0, & \eta(e_i, e_j, c_w, t) = -1 \\ \eta(e_i, e_j, c_w, t), & T_D(e_i, e_j, c_w, t_o) = \varphi \\ \delta T_D(e_i, e_j, c_w, t_o) + (1-\delta)\eta(e_i, e_j, c_w, t), & 其他 \\ T_D(e_i, e_j, c_w, t_o)\zeta(t, t_o), & t-t_o \geq T \cap T_D(e_i, e_j, c_w, t_o) > 0.5 \end{cases}$$

$$(3-3)$$

式中，t, t_o, T 分别表示为当前交互时间戳、最后一次信任建立或更新时间戳、信任衰减周期，其单位可以根据实体交互的频繁度定义，如以天、周或月为单位。式(3-3)分为四种场景计算实体的直接信任度。

(1)当 $\eta(e_i, e_j, c_w, t) = -1$ 时，说明在时间戳 t 时刻实体 e_j 存在安全威胁，有可能遭受到了恶意攻击，此时则不考虑实体 e_j 已有信任度，直接把实体 e_j 的直接信任度设置为 0，这样即使实体 e_j 以前的信任度很高，那么在遭受攻击或

具有恶意行为之后,其信任度迅速下降为 0。

(2)当 $T_D(e_i, e_j, c_w, t_o) = \varphi$ 时,说明实体 e_i 与实体 e_j 在上下文 c_w 条件下以前没有过交互记录,此时将当前时间戳的交互满意度作为实体 e_j 的直接信任度。

(3)当 $t - t_o \geqslant T \cap T_D(e_i, e_j, c_w, t_o) > 0.5$ 时,说明实体 e_i 与实体 e_j 在时间衰减周期 T 时刻内没有交互记录,实体的信任度是以前评估的结果,根据信任关系的时效性可知,随着时间推移实体的历史信任度,对于实体当前信任评估的参考价值越来越弱,此时需要将最后一次评估的信任度乘以时间衰减因子进行衰减运算。但是,时间衰减运算并不应用于所有实体,只是对信任度高的实体进行衰减运算,而且在衰减到初始信任值后就不再进行衰减运算,因为一个可信实体不会通过衰减变为不可信实体。时间衰减因子的计算方法见式(3-4)。

(4)其他情况下,当体 e_i 对实体 e_j 进行了新的交互满意度评估时,需要对实体 e_j 已有的信任度进行更新,主要方法是将已有的直接信任度和最新的交互满意度进行加权求和运算,式中 $\delta \in [0, 1]$ 表示权重因子,δ 的取值可以根据网络环境动态调整,网络环境比较稳定时则 δ 取较大值,说明历史交互满意度在迭代过程中占较大比重,在易于变化的网络环境中则 δ 取较小值,说明最近的交互满意度在迭代过程中对信任度的贡献较大。

函数 $\zeta(t, t_o)$ 表示时间衰减因子,其中 $0 < \lambda < 1$ 是衰减速度的调节因子,其值越大信任值衰减速度越慢,反之衰减速度越快,时间衰减因子充分体现了该模型中信任随时间变化而衰减的特性。

$$\zeta(t, t_o) = 2^{-(1-\lambda)(t-t_o)} \tag{3-4}$$

性质 3-1 时间衰减性。

证明:假设在任意时间戳 t_1 和 t_2 时刻,且 $t_o < t_1 < t_2$,只要证明 $\zeta(t_2, t_o) < \zeta(t_1, t_o)$,即可证明 $\zeta(t, t_o)$ 具有时间衰减性。

$$\frac{\zeta(t_2, t_o)}{\zeta(t_1, t_o)} = \frac{2^{-(1-\lambda)(t_2-t_o)}}{2^{-(1-\lambda)(t_1-t_o)}} = 2^{-(1-\lambda)(t_2-t_o)+(1-\lambda)(t_1-t_o)} = 2^{(1-\lambda)(t_1-t_2)}$$

因为 $0 < \lambda < 1$,得出 $0 < 1-\lambda < 1$,且 $t_1 - t_2 < 0$,所以,上式恒小于 1 且大于 0,即 $\zeta(t_2, t_o) < \zeta(t_1, t_o)$,命题得证。

计算出实体在每个上下文条件下的直接信任度后,综合评估实体的整体直接信任度。与目标实体在新上下文条件交互时,参考在其他上下文条件下的整体信任情况进行决策。设 $T_D(e_i, e_j, t)$ 表示实体 e_i 对实体 e_j 在时间戳 t 时刻的整体直接信任度,则其求解方法定义为式(3-5)。

$$T_D(e_i, e_j, t) = \sum_{x=1}^{m} \rho(c_x) T_D(e_i, e_j, c_x, t) \tag{3-5}$$

式中，$\rho(c_x)$ 表示实体上下文重要程度的权重因子，满足 $0 \leqslant \rho(c_x) \leqslant 1$ 且 $\sum_{x=1}^{m} \rho(c_x) = 1$。

3.4.5　基于推荐可靠度的推荐信任度聚合方法

推荐信任是利用网络中其他有经验实体对目标实体的综合评价来建立信任关系的一种机制，弥补了单个实体自身能力和历史交互经验不足的缺陷，增加了对目标实体信任度评估的准确性，是建立信任关系的一种重要渠道。

推荐信任度（recommendation trust degree）是指依据网络中其他有经验的实体传递的推荐证据对目标实体评估产生的信任程度。当前，推荐信任度评估需要解决的首要问题就是推荐实体的查找和恶意推荐实体的过滤问题，只有解决这两个基本问题才能保证推荐的可靠性和准确性。其中，推荐实体的查找和推荐证据的收集采用第 2 章提出的基于信任树的推荐证据收集机制实现。但如何识别和过滤恶意推荐实体，以及如何将收集到的推荐信息进行综合运算，对于提高推荐信任度计算的准确性具有重要作用。为此，提出一种基于推荐可靠度的综合推荐信任度聚合方法，该方法通过采用实体的推荐可靠度作为过滤恶意推荐信息的主要依据和计算推荐信任度的权重因子，从而大大降低了恶意推荐的风险性，有效提高了推荐信任度计算的准确性。具体聚合方法如下。

定义 3-6　设在信任关系网络中搜索到实体 e_j 的推荐实体集合为 $R = \{r_1, r_2, \cdots, r_z\}$，则实体 e_i 从集合 R 中获取的有关实体 e_j 的推荐信任度表示为 $R(e_i, e_j, c_w, t)$，令

$$R(e_i, e_j, c_w, t) = \begin{cases} \dfrac{\sum\limits_{k=1}^{z} \vartheta(r_k, c_w) T_D(r_k, e_j, c_w, t)}{\sum\limits_{k=1}^{z} \vartheta(r_k, c_w)}, & z \neq 0 \\ \\ 0, & z = 0 \end{cases} \tag{3-6}$$

式中，函数 $\vartheta(r_k, c_w) \in [0, 1]$ 表示为推荐实体 r_k 在上下文 c_w 条件下的推荐可靠度，$T_D(r_k, e_j, c_w, t)$ 为推荐实体 r_k 在上下文 c_w 条件下时间戳 t 时刻对实体 e_j 直接信任度，即推荐给实体 e_i 的有关实体 e_j 的信任证据。当 $z = 0$ 时，说明没有搜索到推荐实体，即没有收集推荐证据，此时实体 e_i 对实体 e_j 的推荐信任度为

0；当 $z \neq 0$ 时，说明搜索到了推荐实体，此时对各个推荐实体传递的推荐证据加权求平均值作为实体 e_i 对实体 e_j 的推荐信任度，因为在计算过程中由于每个推荐实体的推荐可靠度不同，所以对每个推荐实体传递的推荐证据的信任程度不同，实体的推荐可靠度越高则越相信它的推荐证据，因此，以推荐实体的可靠度作为计算推荐信任度的权重因子。

在推荐信任度的计算过程中，推荐信息的过滤是一个重要过程，因为在开放网络中不可避免地存在一些无用的、虚假的甚至是误导性的推荐信息，有效过滤这类无用或虚假推荐信息将大大提高推荐信任度评估的准确性和可靠性。已有模型在聚合推荐信任时，一般以推荐实体自身的信任度作为权重，即假设实体信任度越高其推荐的信息越可靠，而信任度低的实体则推荐无用或虚假信息，但这种假设并不总是成立，因为这种方法为伪装实体和间谍实体的攻击留下了"后门"，这种类型的恶意实体为了试图绕过信任模型的安全防护，多个恶意实体组成串谋团体采用间谍或串谋等策略手段进行虚假推荐以达到攻击信任系统的目的，其主要特征表现为：①间谍通过提供高质量服务获取正常实体的信任，然后向正常实体提供虚假推荐信息；②团体中的成员互相串谋，即同伙之间互相进行虚假评分骗取高信任度。

为了保证推荐实体的可信度和推荐信任计算的准确性，在计算实体的推荐信任度前，首先对推荐实体集合 R 进行重新修正，识别和过滤恶意推荐实体。通过对恶意推荐实体的特征分析发现，其评分行为与正常实体的评分行为不一致，采用评分相似度度量机制能有效识别出恶意推荐实体。但在应用系统运行初期由于实体之间缺乏交互经验，实体之间共同评价的实体集合较小甚至没有，此时实体之间的评分相似度很难体现实体的评分行为，所以给出如式(3-7)的推荐可靠度计算方法。

$$\vartheta(r, c_w) = \begin{cases} Sim(r, e_i, c_w), & |set(r, e_i, c_w)| \geq m \\ T_D(e_i, r, c_w, t), & |set(r, e_i, c_w)| < m \end{cases} \tag{3-7}$$

式中，$Sim(r, e_i, c_w)$ 表示推荐实体 $r \in R$ 和实体 e_i 在上下文 c_w 条件下的评分相似度，$set(r, e_i, c_w) = \{e_1, e_2, \cdots, e_l\} \subseteq E$ 表示推荐实体 r 和实体 e_i 在上下文 c_w 条件下共同交互且评价过的实体集合，$m \leq l$ 表示相似度评价的最低限制数量因子，可以依据网络环境的安全因素动态调整。式中分为两种场景计算实体的推荐可靠度。

（1）当 $|set(r, e_i, c_w)| \geq m$ 时，说明实体之间共同交互且评价的实体大于最低限制数量，此时，以实体间评分相似度作为实体推荐可靠度。相似度越

高，说明两个实体的行为越一致，则其传递的推荐证据可靠性越高，相反相似度越低，说明两个实体的行为越不一致，那么，该实体有可能是恶意推荐实体，其传递的推荐证据的可靠性也越低。

（2）当 $|set(r, e_i, c_w)| < m$ 时，说明应用系统还在初期运行阶段，实体之间共同评价的实体比较少，此时，以实体的直接信任度作为推荐可靠度。因为串谋或间谍等恶意实体的攻击一般都具有时间滞后性，而且需要一定的运行周期来积累信任度，所以在应用系统运行初期直接信任度较高的实体一般都是正常实体，其推荐可靠度与其直接信任度基本一致。

相似度度量函数主要有三种：余弦相似度、相关相似度及修正的余弦相似度。修正的余弦相似度度量函数和相关相似度度量函数在计算时需要先减去实体评分的平均值，其目的是减少因评分尺度不同而带来的误差，比较适用于不同信任模型中的两个实体评分相似度的比较。但是对于实体位于同一信任模型中的情况，该方法并不适用，因为在计算过程中只考虑实体的评分差异而不考虑实体的实际评分，这样可能导致将两个实际行为差异很大的实体认为具有高度相似性。所以，采用余弦相似度函数计算推荐实体与实体 e_i 的相似度 $Sim(r, e_i, c_w)$ ，其计算方法如式（3-8）。

$$Sim(r, e_i, c_w) = \frac{\sum_{y=1}^{l} T_D(r, e_y, c_w, t) T_D(e_i, e_y, c_w, t)}{\sqrt{\sum_{y=1}^{l} T_D(r, e_y, c_w, t)^2} \sqrt{\sum_{y=1}^{l} T_D(e_i, e_y, c_w, t)^2}} \tag{3-8}$$

利用式（3-7）计算实体 $r \in R$ 在上下文 c_w 条件下的推荐可靠度 $\vartheta(r, c_w)$ ，如果 $\vartheta(r, c_w) < \varepsilon$ 则将实体 r 加入到恶意推荐实体集合 $M \subseteq R$ ，其中，ε 为识别和过滤恶意推荐实体的阈值，则修正后的推荐实体集合 $R = R - M$ 。阈值 ε 的取值直接决定了推荐信任计算的准确与否，ε 取值过小将导致部分恶意推荐实体无法识别出来，致使推荐信任计算不准确，而 ε 取值过大则将导致过滤掉部分正常推荐实体，致使推荐信任证据不充分，同样影响推荐信任计算的准确性。为此，给出式（3-9）的阈值确定方法。

$$\varepsilon = \begin{cases} \varepsilon', & |set(r, e_i, c_w)| \geq m \\ 0.6, & |set(r, e_i, c_w)| < m \end{cases} \tag{3-9}$$

式中，当 $|set(r, e_i, c_w)| < m$ 时，只考虑推荐实体的信任度情况，此时将 ε 设置为0.6，即考虑信任度大于0.6的实体作为推荐实体。当 $|set(r, e_i, c_w)| \geq m$ 时，只考虑推荐实体的评分相似度情况，此时采用实验分析方法来确定 ε 的具

体值。

为此，我们对 200 个推荐实体样本进行了模拟实验，通过多次实验结果来确定 ε' 的取值。实验环境设置有 100 个正常推荐实体和 100 个恶意推荐实体，其中，依据实体的行为特征在模拟过程中设定正常实体对交互实体进行正常评分（即对正常实体评分范围为 0.5~1，对恶意实体评分范围为 0~0.5），而恶意实体对其团伙进行虚假评分同时对正常实体进行较低评分（即对正常实体评分范围为 0~0.5，对恶意同伙评分范围为 0.5~1），然后对各个推荐实体的评分进行相似度计算，评分相似度的具体分布情况如图 3-3 所示。图中 1~100 为正常推荐实体，101~200 为恶意推荐实体，由图的结果明显可以看出，$\varepsilon' \in [0.6, 0.9]$ 时能够将推荐实体划分为两个集合，设定上限 $\varepsilon' = 0.9$ 作为识别恶意推荐实体的阈值，其目的是为了更好地识别出恶意推荐实体并抑制串谋团体协同作弊行为。该方法相对于主观或专家意见法更加科学、合理，并且所给出的值更具有依据性。

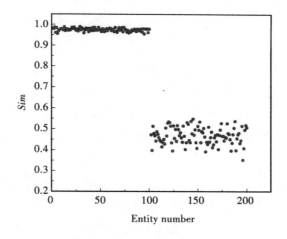

图 3-3　推荐实体的评分相似度分布情况

3.4.6　总体信任度评估方法

总体信任度（overall trust degree）是指依据直接信任度和推荐信任度对目标实体评估产生的总体信任程度。总体信任度评估主要对实体的直接信任度和推荐信任度进行加权求和的方式运算，具体方法如下。

定义 3-7　设 $T(e_i, e_j, c_w, t)$ 表示实体 e_i 对实体 e_j 在时间戳 t 时刻和上下文 c_w 条件下的总体信任度，令

$$T(e_i, e_j, c_w, t) =$$

$$\begin{cases} T(e_i, e_j, t), & R(e_i, e_j, c_w, t) = \varphi \cap T_D(e_i, e_j, c_w, t) = \varphi \\ R(e_i, e_j, c_w, t), & T_D(e_i, e_j, c_w, t) = \varphi \\ T_D(e_i, e_j, c_w, t), & R(e_i, e_j, c_w, t) = \varphi \\ \alpha T_D(e_i, e_j, c_w, t) + \\ (1-\alpha)R(e_i, e_j, c_w, t), & \text{其他} \end{cases} \quad (3\text{-}10)$$

式中，$\alpha \in [0, 1]$ 表示为融合运算的权重因子，分四种场景计算实体的总体信任度。

（1）当在上下文 c_w 条件下即不存在对该实体的直接信任度又不存在推荐信任度时，说明在该上下文下与实体 e_j 没有任何交互经验，此时，以该实体的整体信任度作为该上下文条件下的总体信任度，因为实体的整体信任度在一定程度上反映了实体行为信任的程度，整体信任度采用式（3-11）计算。

$T(e_i, e_j, t)$ 表示实体 e_i 对实体 e_j 在时间戳 t 时刻的整体信任度值，令

$$T(e_i, e_j, t) = \begin{cases} ITV, & T_D(e_i, e_j, t) = \varphi \\ T_D(e_i, e_j, t), & \text{其他} \end{cases} \quad (3\text{-}11)$$

式中，ITV（initial trust value）表示为实体的初始信任度，$T_D(e_i, e_j, t)$ 为实体 e_i 对实体 e_j 在时间戳 t 时刻的整体直接信任，其评估方法见式（3-5）。

当 $T_D(e_i, e_j, t) = \varphi$ 时，说明实体 e_i 对实体 e_j 不存在任何交互经验，因为在模型运行的初始阶段，实体之间还没有交互和评价的历史记录，所以不存在直接交互和推荐证据，此时，把该实体的信任度设置为初始值 ITV。初始信任度 ITV 的取值依据获取的声明证据给出。如果实体 e_j 所声明的能力和行为完全满足实体 e_i 的要求，则可以将 ITV 的值设置稍大一些，如 $ITV = 0.7$，否则将 ITV 的值设置稍小一些。因为在缺乏其他有利证据的前提下，声明证据能够从一定程度上反映出实体信任的程度，该方法与已有模型将实体初始信任度设置为默认值相比，能够充分保证新加入的实体有被选择提供服务的机会。

其他情况下，则将实体的整体直接信任度作为实体 e_i 对实体 e_j 在时间戳 t 时刻的整体信任度，该式说明了在某上下文条件下与实体没有交互经验时，将参考其他上下文条件下与实体的历史交互经验作为评估实体信任度的依据。

（2）当 $T_D(e_i, e_j, c_w, t) = \varphi$ 时，表示在该上下文条件下不存在直接信任度，说明与实体 e_j 没有直接交互经验，此时，只依赖于网络中其他实体的推荐信任度作为实体 e_j 的总体信任度。

（3）当 $R(e_i, e_j, c_w, t) = \varphi$ 时，表示在该上下文条件下不存在推荐信任度，说明网络中其他实体与实体 e_i 没有交互经验，此时，只依赖于实体的直接信任度作为实体 e_j 的总体信任度。

（4）其他情况下，则对该实体的直接信任度和推荐信任度采用加权求和运算作为该上下文条件下实体 e_j 的总体信任度，其中权重因子 α 的取值取决于实体 e_i 与实体 e_j 的历史交互经验的多少，历史交互经验越多，α 取值应越大，因为依据 4.4.2 节分析可知直接交互证据因素对实体信任度的评估具有重大参考价值，所以权重因子设置时应保证 $\alpha \geqslant 0.5$。

3.5　相关算法及分析

3.5.1　信任评估相关算法

任意实体 e_i 与实体 e_j 在上下文 c_w 条件下进行交互前，首先计算实体 e_j 在上下文 c_w 条件下的总体信任度，依据对实体 e_j 的总体信任度决定是否与它进行协作和使用其提供的服务。

为此，给出模型求解实体总体信任度的算法，算法的基本思想是在评估目标实体总体信任度前，首先在本地信任关系库中提取实体自身对目标实体的信任信息，评估目标实体的直接信任度；然后在信任关系网络中搜索有关目标实体的推荐实体，依据推荐实体传递的推荐信任证据评估目标实体推荐信任度；最后依据对目标实体的直接信任度和推荐信任度，利用给出的评估方法综合评估实体的总体信任度。具体实现算法描述如下。

算法 3-1　总体信任度求解算法。

OverallTrustDegree(　) // 实体 e_i 计算实体 e_j 在上下文 c_w 条件下的总体信任度

begin

　　// 首先计算直接信任值

　　从树 e_i 中查找节点 e_j 是否存在；

　　if 没有查找到实体 e_j　// 实体 e_i 与实体 e_j 以前没有过交互记录

　　　　$T_D(e_i, e_j, c_w, t) = \varphi$；

　　　　$T_D(e_i, e_j, t) = \varphi$；

　　else

从子树 e_j 中查找节点 c_w 是否存在；

if 节点 c_w 存在

获取节点 c_w 的子节点 t_o 和 T_D 的值并赋给 $T_D(e_i, e_j, c_w, t)$；

else

$T_D(e_i, e_j, c_w, t) = \varphi$；

查找 e_j 的其他子节点 c_w，获取每个 c_w 子节点 t_o 和 T_D 的值赋给 $T_D(e_i, e_j, c_w, t)$；

$T_D(e_i, e_j, t) \Leftarrow$ 计算等式 (3-5)；

end if

end if

// 在信任关系网络中搜索推荐实体

// 集合 $NeighborSet(e_i)$ 表示实体 e_i 的所有邻居实体，即树中节点 e_i 的所有孩子节点的集合

for 所有 $e_{ih} \in NeighborSet(e_i)$ 并且 $e_{ih} \neq e_j$

对实体 e_{ih} 进行标记；// 用于判别实体 e_{ih} 是否已被遍历

if 实体 e_{ih} 与实体 e_j 在上下文 c_w 有过交互记录

$R(e_j) = R(e_j) + e_{ih}$；

else

$QueryIREntity(e_{ih}, e_j, c_w, \lambda)$；// 根据算法 3-2 计算 $R(e_j)$

end if

end for

// 计算推荐信任度

$Sim(r, e_i, c_w) \Leftarrow$ 对任意推荐实体 $r \in R(e_j)$ 计算等式 (3-8)；

$\vartheta(r, c_w) \Leftarrow$ 对任意推荐实体 $r \in R(e_j)$ 计算等式 (3-7)；

$M \Leftarrow$ 利用 $\vartheta(r, c_w)$ 从集合中 $R(e_j)$ 识别恶意实体；

对推荐实体集合进行修正 $R(e_j) = R(e_j) - M$；

$R(e_i, e_j, c_w, t) \Leftarrow$ 计算等式 (3-6)；

// 计算总体信任度

$T(e_i, e_j, t) \Leftarrow$ 计算等式 (3-11)；

$T(e_i, e_j, c_w, t) \Leftarrow$ 计算等式 (3-10)；

return $T(e_i, e_j, c_w, t)$；

end

算法 3-2 推荐实体递归搜索算法。

// 以 e_y 为起始实体在网络中查找与实体 e_j 有过交互的实体

QueryIREntity(e_y , e_j , c_w , λ)

begin

    输入：e_y 起始查询实体；

          e_j 目标查询实体；

          c_w 上下文条件；

          λ 设定的最长路径长度；

    if level(e_y)>$\lambda-1$ // level(e_y)表示实体 e_y 的路径长度

        return   结束；

    end if

    for 所有 $e_k \in NeighborSet(e_y)$ 并且 $e_k \neq e_j$

        if 实体 e_k 未遍历   // 对没有遍历过的实体进行搜索

            对实体 e_k 进行标记；

            实体 e_k 在其存储树中查找是否存在节点 e_j ；

            if 节点 e_j 存在

                level(e_k)；   // 记录实体 e_k 的路径长度

                $R(e_j) = R(e_j)+e_k$ ；

            else

                QueryIREntity(e_k , e_j , c_w , λ)；

            end if

        end if

    end for

    return $R(e_j)$ ；   // 函数结束时返回查找到的实体 e_j 的推荐实体集合

end

    算法 3-2 主要用于实现在信任关系网络中递归搜索推荐实体，其基本思想是采用 2.6.1 节提出的基于信任树的推荐证据收集机制，在以评估实体为起点的一棵信任树中递归搜索推荐实体，在搜索结束之后返回搜索到推荐实体集合。通过 2.7 节仿真实验验证了该算法具有较好的有效性。

3.5.2　计算和通信开销分析

对模型信任评估花费的开销一般从两方面分析：计算开销和通信开销。计算开销利用模型计算总体信任度的时间复杂度分析，通信开销利用模型搜索推荐实体的消息复杂度分析。

计算开销方面。实体 e_i 计算和更新实体 e_j 在上下文 c_w 条件的直接信任度前，要在本地信任关系库中查找实体 e_j 和上下文 c_w 的历史信任度，查找的时间复杂度为 $O(p\times m)$，其中，p，m 分别为实体 e_i 的邻居实体规模和请求上下文规模。计算实体 e_j 在上下文 c_w 条件的推荐信任度前，要计算每个推荐实体的评分相似度并过滤恶意推荐实体，此算法时间复杂度为 $O(r)$，其中，r 为搜索到的推荐实体规模。

通信开销方面。为了在网络中搜索实体 e_j 的推荐证据，实体 e_i 向其邻居实体发出多个递归搜索请求，该搜索请求以信任树结构方式进行，请求将在 $O(\lambda)$ 跳数内返回查询信息，λ 为搜索深度。

通过上述对算法的计算开销和通信开销分析可知，信任评估算法具有一定的工程可行性。虽然在引入上下文和时间戳参数后，由于要在每个上下文条件下评价网络实体的信任度，使得算法的复杂度相对其他模型稍高一些，但该算法相对其他模型提高了信任评估的准确度，并且有效地防止了上下文伪装的恶意实体和间谍实体的攻击，况且算法的执行效率仍然在可容忍范围内。

3.6　仿真实验及性能分析

使用 Repast 软件包搭建实现了一个服务共享的网络模拟环境，对提出的模型及其相关算法进行性能分析。为了体现研究工作的优势，在该模拟环境中又分别实现了 CAT 模型、FTM 模型和随机选择方法，并对它们的性能进行了对比分析，通过对比分析的结果来说明与已有模型的优势。

3.6.1　实体类型的定义

开放网络中的实体大致分为两类：正常实体和恶意实体。正常实体提供真实可信的服务，并在交互后为对方提供公平的评分。恶意实体提供不真实服务和虚假评分，其目的是破坏信任系统从中获取非法利益，根据恶意实体表现出的行为和采取的攻击策略主要分为以下四种类型：

（1）单独恶意实体，这是最简单的一类恶意实体，没有与其他恶意实体形成串谋，只提供不真实的服务和虚假评分功能，记为 IM（individual malicious）类。

（2）伪装的恶意实体，此类恶意实体按照某种策略提供真实服务来积累信任值，而当信任值高于可信阈值时就会提供不真实服务和虚假推荐信息，如以不同的概率提供虚假服务、有选择地向某些实体提供虚假服务或只提供某种特定的服务等，记为 CM（camouflage malicious）类。

（3）串谋的恶意实体，该类实体形成了协同作弊的恶意团体，团体中的成员除了提供 IM 类实体的行为外，还极力夸大团体中的同伙，使其同伙具有很高的信任值，记为 MC（malicious collectives）类。

（4）恶意间谍实体，这类实体需要与 IM 类、CM 类或 MC 类恶意实体组合实现作弊行为，其特征表现为作为服务提供者时提供真实服务来积累信任值，而作为推荐者时向其他实体提供不诚实推荐，极力夸大恶意实体的信任值、诋毁正常实体，记为 MS（malicious spy）类。

在对 IM 类恶意实体的检测和遏制方面，现有模型都具有很高的有效性和健壮性，为了充分体现模型在抵御"狡猾"恶意实体方面的优势，在模拟实验中只对 CM 类、MC 类和 MS 类三种典型的恶意实体进行仿真来评估模型的性能。

3.6.2 实验环境设置及性能指标

在模拟实验中每个实体具有三种角色：服务提供者、服务请求者和推荐者，这三种角色是相互独立的。在每个时间片上，服务请求者随机发送一个服务请求，然后提供该服务的实体对请求者作出响应，在响应的服务提供者列表中依次计算每个实体的信任值，选择信任值最高的实体进行服务请求，最后基于服务使用体验对交互实体进行信任评分和更新信任值。在每个时间片执行完毕时收集实验数据，然后进入下一时间片执行。为了使实验所得的数据贴近真实网络中的数据，对每个仿真执行多次，最后综合多次实验结果的平均值作为最终实验的结果。

实验环境设置为：网络中实体总个数为 1000，真实可信服务总数为 4000，每个实体提供服务的个数为 10，请求的服务个数为 10，每个实体在创建时从 4000 个可信服务中随机分配提供的服务和请求的服务，每个实体提供的服务和请求的服务不相同，这样可以保证同一服务由多个实体提供；不真实服务总数为 1000，包括虚假服务和恶意服务，每个恶意实体在创建时从 1000 个不真实服务中随机分配提供的服务，而其谎称提供的服务从 4000 个可信服务中随机分配；模拟交互次数为 1200，即仿真模型每次运行的最大时间片值，各参数的具体设置见表 3-3。

表 3-3 仿真环境参数说明

参数	缺省值	描述
N	1000	网络中实体总个数
TS	4000	网络中真实的服务数
FS	1000	网络中不真实的服务数
S	10	每个实体提供的服务数
C	10	每个实体请求的服务数
t	1200	模拟交互次数(最大时间片值)
δ	0.7	计算直接信任值的权重因子
α	0.8	计算总体信任值的权重因子

定义 3-8 恶意实体的攻击成功率 MSR 定义为某时刻被选择作为服务提供者的恶意实体个数占响应服务请求者的恶意实体个数的比率，设时间片 t 检测到 $R(t)$ 个响应服务请求的恶意实体，检测到 $S(t)$ 个恶意实体被选择为提供服务，则 MSR 为式(3-12)。

$$MSR(t) = \frac{S(t)}{R(t)} \tag{3-12}$$

其中，如果有多个恶意实体响应了同一个服务请求，则把所有恶意实体看作一个恶意响应实体。因为这是多个恶意实体攻击同一实体，如果有一个恶意实体成功，则本次恶意实体攻击成功。

准确性，是指网络中实体信任值度量的准确程度，采用实体请求服务的成功率 SR 作为衡量信任模型准确性的重要性能指标，该指标直接反映出模型对实体信任值度量的准确度，实体请求服务的成功率越高说明模型计算的实体信任度越准确，反之，请求服务成功率越低模型计算的准确度越低。

定义 3-9 实体请求服务的成功率 SR 定义为正常实体成功调用服务的次数占所有正常实体服务请求次数的比率，设任意实体 $e_i \in E$ 发送服务请求的次数为 N_i，成功调用服务的次数为 S_i，每次仿真结束后，统计每个实体的 N_i 和 S_i，则整个系统的实体请求服务成功率 SR 为式(3-13)。

$$SR = \frac{\sum\limits_{e_i \in E} S_i}{\sum\limits_{e_i \in E} N_i} \tag{3-13}$$

3.6.3 仿真结果及其讨论

实验 3-1 抵御 CM 类恶意实体仿真及其讨论。

CM 类实体仿真主要是为了检验不同规模的 CM 类恶意实体对本书模型健壮性和准确性的影响，实验假设网络中的所有恶意实体均是 CM 类，通过调整 CM 类恶意实体占总实体数的百分比来观测本书模型的效果。由于 CM 类恶意实体既提供真实服务又提供虚假服务，在实验中设定 CM 类实体提供真实服务和虚假服务的比例为 4：6，在实验过程中只统计响应正常服务请求但提供虚假服务的次数和被选择为服务提供者而提供虚假服务的次数。

图 3-4(a)～(c)是不同规模 CM 类恶意实体环境下的 MSR 比较，实验中所设定的 CM 类恶意实体分别为 10%、30% 和 50%。从图 3-4(a)～(c)的实验结果中可以看出，在网络运行初期，三种模型的恶意服务攻击成功率呈现较大的变化，这是因为网络运行初期 CM 类实体需要提供好的服务来积累信任值，当积累到一定程度后开始提供恶意服务，所以在网络运行初期恶意服务攻击的成功率呈上升趋势。随着 CM 类实体提供恶意服务的增多逐渐进入了模型的惩罚期，恶意服务攻击的成功率逐步下降，随着网络的不断运行恶意服务攻击的成功率逐渐趋于稳定。图 3-4(a)～(c)表明，本书模型在抑制 CM 类恶意实体方面，明显优于其他两种模型，恶意服务攻击的成功率下降速度远远大于另外两种模型，而且在 CM 恶意实体比率达到 50% 时，在运行 600 个时间片后恶意服务攻击的成功率趋近于 0，说明本书模型采取的对恶意实体的严厉惩罚措施在抑制 CM 类实体方面效果更加明显。

图 3-4(d)是考察在不同规模的 CM 类恶意实体环境下的 SR 的变化情况。从图中给出的比较结果可以看出，当 CM 类恶意实体的比例较低时，三种模型都具有很高的服务请求成功率，甚至在开始阶段随机选择方法的服务请求成功率也很高，这是由于 CM 类实体以不同比例提供正常服务影响的。而随着 CM

类实体比例的逐步增加，其他两种模型的服务请求成功率下降趋势较快，而本书模型仍能保持很高的服务请求成功率，特别当 CM 类实体达到 80%时，服务请求成功率仍能保持在 90%左右，说明本书模型的上下文机制和直接信任度评估策略起到了主要作用。

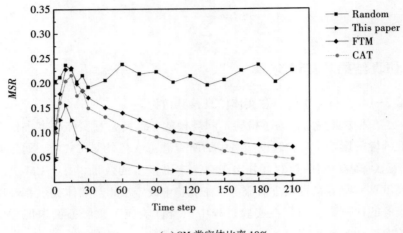

(a) CM 类实体比率 10%

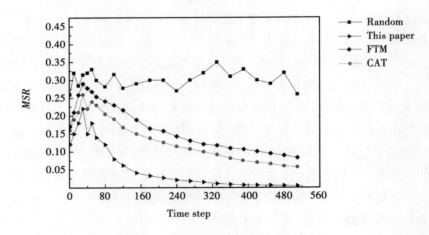

(b) CM 类实体比率 30%

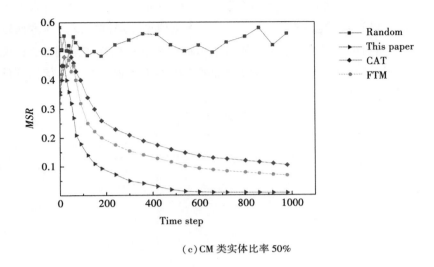

（c）CM 类实体比率 50%

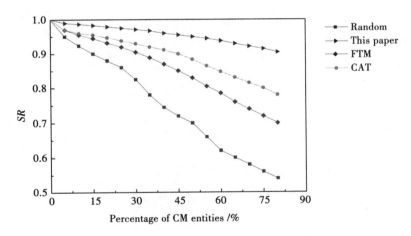

（d）*SR* 随不同规模 CM 类实体的变化规律

图 3-4 *MSR* 和 *SR* 随不同规模的 CM 类实体的变化规律

实验 3-2 抵御 MC 类恶意实体仿真及其讨论。

实验假设网络中的所有恶意实体都是 MC 类，通过调整 MC 类实体规模考察本书模型在抑制恶意服务请求成功率和提高请求服务成功率方面的情况。图 3-5（a）～（c）给出了恶意服务执行成功率随不同规模 MC 类实体的变化规律，从实验结果中可以看出，在网络运行初期，三种模型的恶意服务请求成功率都比较高，这是由于在网络初期实体还没有信任度而采用随机选择的缘故。而随着网络的运行, 恶意服务请求的成功率逐步下降, 这是由于恶意实体进入了模型的惩罚和过滤阶段。图 3-5(a)~(c)表明, 本书模型在遏制串谋团体方面较其他两种模型具有明显的效果, 恶意服务请求成功率下降趋势非常明显, 这说明本书模型利用评分相似度过滤了大量的恶意推荐实体, 而且在推荐信任度计算方面具有较好的效果。

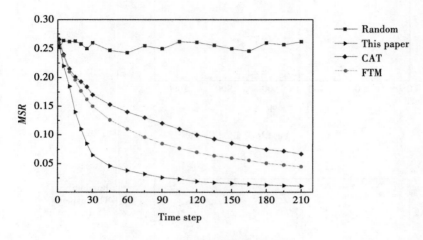

(a) MC 类实体比率 10%

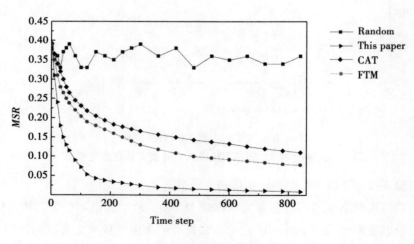

(b) MC 类实体比率 30%

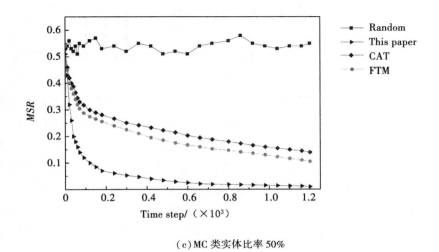

（c）MC 类实体比率 50%

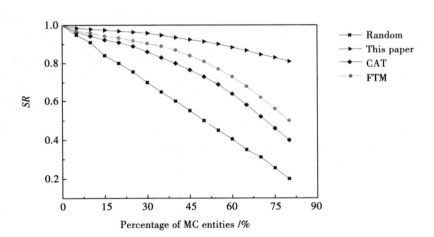

（d）SR 随不同规模 MC 类实体的变化规律

图 3-5　*MSR* 和 *SR* 随不同规模的 MC 类实体的变化规律

图 3-5（d）是考察 *SR* 随不同规模 MC 类实体的变化情况，从图中给出的对比结果可以看出，当 MC 类实体比率在 20% 以内时，三种模型都具有很好的服务执行成功率，在 90% 以上。而随着串谋实体比率的逐步增加，本书模型较其他两种模型抵御协同作弊的能力更强，当 MC 类实体达到 80% 时，其他两种模型的服务请求成功率下降到 40% 左右，而本书模型仍然能够稳定在 80% 以上，这说明本书模型的总体信任度和综合推荐信任度计算方法在抵御协同作弊和虚假推荐方面具有一定的效果。

实验 3-3 抵御 MS 类恶意实体仿真及其讨论。

实验设定所有间谍实体对恶意实体给予好的评价，而对所有正常实体给予差的评价，考察在不同规模恶意实体和不同比例间谍实体环境下，恶意服务攻击成功率的变化规律。

图 3-6(a)(b)给出了恶意实体为 50%，间谍实体占恶意实体的比例分别为 10%和 20%时的实验结果。从实验结果中可以看出，在运行初始阶段，间谍实体为 10%时，三种模型的恶意服务攻击成功率要高于间谍实体为 20%时恶意服务攻击成功率，这是因为间谍实体在网络运行初期需要大量的交易来积累信任度及对其他实体进行虚假评分。而随着网络的运行，间谍实体为 20%时恶意服务攻击成功率开始高于间谍实体为 10%时恶意服务攻击成功率，这是因为间谍实体虚假推荐的缘故。但在总体上随着网络的运行，恶意服务攻击的成功率逐步下降，这是由于模型对间谍实体的抑制起到了作用。实验结果表明，本书模型在抑制间谍实体方面较其他两种模型有较大优势，恶意服务执行成功率下降趋势较快，而且能在 400 个时间片时将恶意服务成功率控制在 2%左右，而其他两种模型在该环境下对恶意服务的抑制不是很理想，说明了本书模型的综合推荐信任计算方法能够有效抑制间谍实体的虚假推荐。

图 3-6(c)(d)是不同规模恶意实体环境下，间谍实体分别为 10%和 20%时的 *SR* 比较。实验中设定恶意类实体规模为 0~80%，从图可以看出，随着恶意实体比例的增加，三种模型的服务请求成功率都呈现下降趋势，但本书模型

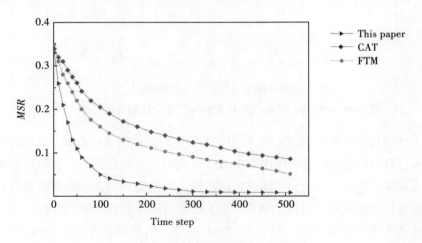

(a)间谍实体比率 10%的 *MSR* 变化规律

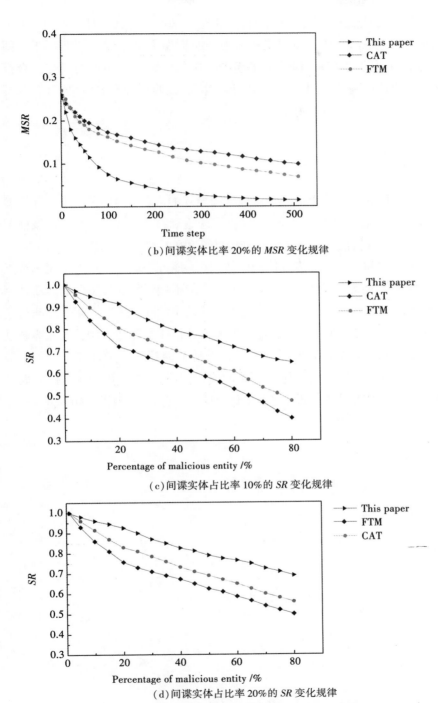

（b）间谍实体比率 20% 的 *MSR* 变化规律

（c）间谍实体占比率 10% 的 *SR* 变化规律

（d）间谍实体占比率 20% 的 *SR* 变化规律

图 3-6 *MSR* 和 *SR* 随不同规模 MS 类实体的变化规律

明显好于其他两种模型，即使恶意实体比例达到 80% 时，在两种情况下，本书模型仍然稳定在 65% 以上。而间谍实体为 20% 时服务请求成功率要高于为间谍实体为 10% 时的成功率，这是由于模型采用的可靠推荐实体查询和综合推荐信任评估机制起到了作用，在抵御间谍实体的虚假评分和恶意推荐的同时，又利用了间谍实体提供的良好的服务。

3.7　本章小结

　　本章针对已有研究缺乏对模型整体框架概述的问题，构建了一个信任模型的总体框架，为信任模型的实际应用提供了理论和技术支持。然后，在该框架基础上，针对已有信任评估方法计算准确度低和鲁棒性差的问题，提出了一种基于实体上下文和时间戳的多维信任评估方法。该方法通过采用多维度测量指标来计算实体的交互满意度，提高了模型计算的准确性。通过在直接信任计算方法中引入时间衰减因子，解决了信任关系的动态性问题。为了提高推荐信任度计算的准确性，提出了基于推荐可靠度的推荐信任度评估方法，该方法通过推荐可靠度过滤了恶意推荐和间谍实体，提高了推荐的准确性和合理性。最后，通过模拟实验证明了本书模型与同类型模型相比，在计算实体信任方面更加准确，且能识别和剔除大部分恶意实体，具有一定的鲁棒性。

4 基于交互感知的动态自适应的信任评估方法

4.1 问题提出

第 3 章提出的信任模型详细描述了一种直接信任和推荐信任相结合的信任关系评估方法,将时间和上下文因素引入信任关系评估中,采用了多维主客观信任证据评估实体的交互满意度,虽然有效解决了信任的主观性和动态性问题,并且相对于已有模型提高了信任评估的准确性。但是,在直接信任度更新和总体信任度计算时采用了静态的加权平均策略,只考虑了模型的运行效率和计算的复杂性,比较适用于对模型运行效率要求较高的应用系统。然而,在实际应用中,权重因子的取值完全依赖于专家经验,致使信任评估结果具有较大的人为因素,而且权重因子一旦确定,很难在运行过程中由模型动态地调整,导致模型的灵活性和自适应能力较差,并且在直接信任度更新时缺乏激励和惩罚机制,影响了评估结果的合理性和准确性,很难适用于对于实体信任度准确性要求较高的分布式应用系统。因此,如何提高信任模型的动态自适应能力,使其能够在运行过程中动态地调整评估策略以准确地计算信任度,也是信任模型研究亟须解决的关键问题之一。

目前,已有学者在动态信任评估策略和模型的自适应能力方面进行了相关研究,提出了一些有意义的动态信任评估方法,如提出的基于自适应时间窗口的动态信任计算方法和基于相似度的推荐信任聚合方法,解决了直接信任和总体信任动态计算问题,但在推荐信任聚合计算中没有考虑依据推荐实体熟悉度动态调整聚合策略的问题,导致推荐信任度计算的准确性不高。2006 年,常俊胜等人给出了基于时间帧的动态信任模型 DyTrust,通过引入近期信任、长期信任、累积滥用信任和反馈可信度四个参数来计算节点信任度，利用反馈控制机制动态调节上述参数实现了信任模型的动态适应能力，尤其在对近期信任值更新时，采用自适应的信任学习因子实现了节点的激励和惩罚机制。2010年，学者提出了一个基于时间窗的局部信任模型 TW-Trust，所采用的提高模型动态适应能力的方法与 DyTrust 模型类似，也是通过反馈控制机制动态调节模型中的参数实现评估策略的动态自适应调整，但是这两个模型并没有对自适应的信任学习因子给出具体的计算方法，而且也没考虑反馈信任聚合的自适应调整问题。在反馈信任聚合方面，已有学者提出了一个加权大多数算法，它对不同推荐者的推荐信息分配不同的权重，根据权重来聚合推荐信任度，并根据交互的结果来动态调整相应权重值。2010年，李小勇等人结合人类社会的认知行为，提出了一种符合人类心理认知习惯的动态信任预测模型，在该模型中构建了自适应的基于历史证据窗口的总体可信性决策方法，有效提高了模型的动态适应性，但该模型采用了诱导有序加权算子(IWOA)计算直接信任度，缺乏对实体的激励和惩罚措施。

由上述分析可知，导致现有信任模型动态自适应能力不足的本质原因是，对交互过程中证据变化的因素考虑不全面，如在融合总体信任度时，多数模型只考虑了实体自信因子的变化，而对推荐证据的变化考虑较少，致使模型在运行过程中动态感知证据变化的能力不足，无法根据信任证据的变化动态自适应地调整评估策略，从而影响了评估结果的合理性和科学性。

为此，本章提出了一种基于交互感知的动态自适应的信任评估方法，旨在通过模型的交互感知能力来获取反映证据变化的因素，以此动态自适应地调整模型的评估策略，从而提高信任评估的准确性和动态自适应的能力。模型充分考虑了信任证据因素对信任评估的影响，将实体的历史交互窗口、可信推荐窗口、实体稳定度和推荐实体熟悉度等反映信任证据可靠性的因素，应用到了模型的总体信任度、直接信任度和综合推荐信任度的评估中，增强了模型的交互感知和随着证据变化动态自适应调整评估策略的能力，提高了实体信任度评估的准确性和合理性。

4.2　需要感知的因素分析

局部信任评估方法主要依据于收集到的历史交互证据和其他有经验实体的推荐证据，采用相应的评估策略评估实体的直接信任度、推荐信任度和总体信任度。评估策略是计算不同时间戳、不同来源获取的信任证据对于评估实体当前信任可靠程度的标准，评估策略制定的合理与否直接影响着信任评估的准确性。在前面的分析中指出，已有信任评估方法一般采用静态的加权平均策略或者采用部分动态因子计算权重的评估策略，只将实体交互的事务数目应用于评估策略中。但是，信任是一个动态的长期累积的过程，在这个累积过程中，随着历史交互证据的不断增多及推荐证据的变化，每次更新或评估实体信任度时其评估策略不应相同，应随着信任证据可靠程度的不同动态自适应地调整，尽可能地反映出不同信任证据对当前信任评估的可靠程度。反映信任证据可靠程度的因素一般都蕴含在实体交互结果和推荐信任的搜索结果中，只有模型在运行过程中动态地感知到这些因素，才能够动态调整评估策略来评估实体信任度。通过分析，认为反映信任证据可靠度的因素主要包括以下四个。

（1）历史交互窗口。将实体之间的交互次数称为历史交互窗口。历史交互窗口用于反映直接信任证据在评估实体总体信任度时的可靠程度，因为在实际应用中确定信任证据可靠程度的方法很复杂，所以我们简单地认为，若实体之间的历史交互窗口比较大，则对被评估实体的直接交互证据就比较可靠，在制定总体信任评估策略时直接信任度的权重就应该越大。

（2）可靠推荐窗口。将在信任关系网络中查询到可靠推荐实体的个数称为可靠推荐窗口。可靠推荐窗口用于反映推荐信任证据在评估实体总体信任度时的可靠程度，可靠推荐窗口越大，说明网络中的其他实体对被评估实体越熟悉，制定总体信任评估策略时推荐信任度的权重就应越大。

（3）实体稳定度。将实体在网络中持续提供优质服务的能力和稳定运行的程度称为实体稳定度。实体稳定度越高说明实体持续稳定运行的周期越长，用于直接信任度评估中激励–惩罚评估策略的制定，尤其对于抑制伪装恶意实体采用的策略性攻击行为具有明显的效果。

（4）直接推荐实体熟悉度。直接推荐实体熟悉度用于反映直接推荐实体反馈的信任证据在聚合综合推荐信任度时的可靠程度。直接推荐实体熟悉度越大说明对直接推荐实体越熟悉，在制定综合推荐信任聚合策略时直接推荐信任度的权重就应越大，这恰好符合了人类社会中相信熟人推荐的思想。

4.3 基于交互感知的信任评估框架

动态自适应的信任评估方法的核心思想就是，模型在运行过程中能够实时地感知到交互证据的变化，并依据这些因素动态调整评估策略，以便准确地计算实体的信任度。为了能够实现信任评估策略的动态调整，本节对第 4 章构建的模型总体框架进行了扩展，将交互过程中感知到的一些反映证据可靠性的因素引入到模型中，给出了一个基于交互感知的动态自适应的信任评估框架。该框架在原有功能模块的基础上扩展了总体评估策略制定、实体稳定度计算和直接推荐实体熟悉度计算三大模块，如图 4-1 所示。该图只描述了新扩展的功能和部分原有功能，并没有给出整体交互感知信任评估框架的概貌。

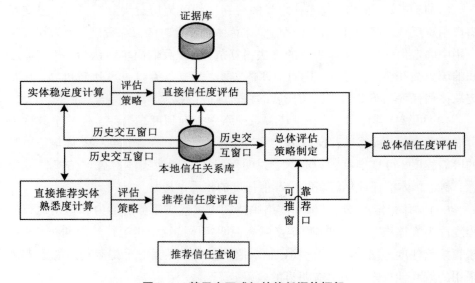

图 4-1　基于交互感知的信任评估框架

（1）总体评估策略制定，依据被评估实体的历史交互窗口和可靠推荐窗口的大小，采用相应规则计算出直接信任度和推荐信任度各自的权重值，作为评估总体信任度的策略。

（2）实体稳定度计算，依据被评估实体稳定的历史交互窗口计算出实体的稳定度，作为激励-惩罚策略评估实体的直接信任度。

（3）直接推荐实体熟悉度计算，依据直接推荐实体的历史交互窗口计算出对直接推荐实体的熟悉度，作为聚合综合推荐度的策略。

4.4 基于交互感知的信任评估方法

4.4.1 动态自适应的总体信任度评估方法

现有的局部信任评估方法，实体 e_i 对目标实体 e_j 的总体信任度评估一般由直接信任度和推荐信任度加权融合得出，那么，如何动态自适应地合理分配二者的权重大小将是关系总体信任度计算准确与否的关键因素。由前面对感知因素分析可知，权重分配与历史交互窗口和可靠推荐窗口两种因素密切相关。为此，基于这两个因素给出如下总体信任度评估策略制定方法，设 $0<\theta(h_{ij}(c_w)，|R|)<1$ 为直接信任度的权重，则定义式（4-1）。

$$\theta(h_{ij}(c_w)，|R|)=\begin{cases} \dfrac{h_{ij}(c_w)}{h_{ij}(c_w)+|R|}, & h_{ij}(c_w)<H \\[2ex] 2^{-\frac{|R|}{h_{ij}(c_w)+|R|}}, & h_{ij}(c_w)\geq H \end{cases} \quad (4-1)$$

式中，H 为系统设定的实体 e_i 对直接交互证据充足性的自信因子；$h_{ij}(c_w)$ 为实体 e_i 与实体 e_j 在上下文 c_w 条件下的历史交互窗口；R 为可靠推荐实体集合，$|R|$ 为可靠推荐窗口。直接信任度权重分配规则分两种场景制定。

（1）当 $h_{ij}(c_w)<H$ 时，说明实体直接交互证据还不充分，在这种场景下只能依赖于直接证据占总体证据的比例作为直接信任度的权重分配规则，若 $h_{ij}(c_w)<|R|$，说明直接证据不如推荐证据充分，则推荐信任度权重较大；若 $h_{ij}(c_w)>|R|$，说明直接证据相对于推荐证据比较充分，则直接信任度权重较大些。

（2）当 $h_{ij}(c_w)\geq H$ 时，说明实体 e_i 对自己获取的证据比较自信，在计算总体信任度时以自己的证据为主，这也符合了人类社会中优先考虑自己直接判断的思想，能够更加体现实体的主观性，而且比较准确地选择到自己满意的服务。因此，在这种场景下权重分配规则必须满足以下两个条件。

条件 1：直接信任度权重取值范围为 $0.5<\theta(h_{ij}(c_w)，|R|)<1$；

条件 2：直接信任度的权重与直接证据占总体证据的比例成正比，即直接证据所占比例越大，其权重值越趋近于 1。

为了满足上述两个条件，定义单调递减函数 $f(x)=2^{-x}$ 作为直接信任度权重分配规则，参数 x 的取值为历史交互窗口占总窗口的比例，下面给出权重分配规则的有效性证明。

首先，证明分配规则满足条件 1，因为参数 $x = \dfrac{|R|}{h_{ij}(c_w) + |R|}$，且 $h_{ij}(c_w) \neq 0$，$|R| \neq 0$，则 $0 < x < 1$，函数 $2^{-1} < f(x) < 2^0$，所以在该规则下条件 1 恒成立。

其次，证明分配规则满足条件 2，假设历史交互窗口所占比例分别为 x_1，x_2，且 $x_1 < x_2$，只要证明 $f(1-x_1) < f(1-x_2)$，即可证明条件 2 恒成立。

$$\frac{f(1-x_1)}{f(1-x_2)} = \frac{2^{-(1-x_1)}}{2^{-(1-x_2)}} = 2^{x_1-x_2}。$$

因为 $x_1 < x_2$，$x_1 - x_2 < 0$，所以上式恒小于 1，命题得证。

基于交互感知的信任评估方法，实体 e_i 对实体 e_j 的总体信任度评估前，首先从本地信任关系库中搜索有关实体 e_j 的历史交互窗口，然后获取从推荐信任查询传递过来的可靠推荐窗口，利用式(4-1)制定的总体信任评估策略计算直接信任度的权重值，最后利用式(4-2)给出的动态自适应的总体信任度评估方法，计算实体 e_j 的总体信任度。

$$T(e_i, e_j, c_w, t) =$$
$$\begin{cases} T_D(e_i, e_j, t), & |R| = 0 \cap h_{ij}(c_w) = 0 \\ R(e_i, e_j, c_w, t), & h_{ij}(c_w) = 0 \\ T_D(e_i, e_j, c_w, t), & |R| = 0 \\ \theta(h_{ij}(c_w), |R|) T_D(e_i, e_j, c_w, t) + \\ \left[1 - \theta(h_{ij}(c_w), |R|) \right] R(e_i, e_j, c_w, t), & \text{其他} \end{cases} \quad (4-2)$$

与传统的总体信任度评估方法相比，该方法充分考虑了影响权重分配的因素，在运行过程中能够依据感知到直接证据和推荐证据的可靠程度动态自适应地分配和调整权重，使得权重分配策略更加科学和合理，而且考虑了评估实体的自信因子，使得信任的主观性更加明显。

4.4.2 基于实体稳定度的直接信任度评估方法

观察人际社会中的信任行为发现，信任的程度是缓慢增长和快速减少的，也就是说，一个实体通过多次连续成功交易积累的信任度，将会在提供几次虚假服务后丧失。信任增加和减少速度的不对称性，促使和激励网络实体持续稳定地提供可靠服务，有效抑制实体的投机行为。基于该思想，给出了一种基于实体稳定度的直接信任度评估方法，这种方法与第 3.4.4 节提出的基于满意度迭代的直接信任度评估方法不同体现为，对信任度更新时使用了激励和惩罚两种措施分别计算，具体计算方法如式(4-3)所示。

$$T_D(e_i, e_j, c_w, t) =$$

$$\begin{cases} 0, & \eta(e_i, e_j, c_w, t) = -1 \\ \eta(e_i, e_j, c_w, t), & h_{ij}(c_w) = 0 \\ T_D(e_i, e_j, c_w, t_o)\zeta(t, t_o), & t-t_o \geqslant T \cap T_D(e_i, e_j, c_w, t_o) > 0.5 \\ \beta(h_{ij}(c_w))T_D(e_i, e_j, c_w, t_o) + \\ \left[1-\beta(h_{ij}(c_w))\right]\eta(e_i, e_j, c_w, t), & \eta \geqslant 0.5 \\ \left[1-\beta(h_{ij}(c_w))\right]T_D(e_i, e_j, c_w, t_o) + \\ \beta(h_{ij}(c_w))\eta(e_i, e_j, c_w, t), & \eta < 0.5 \end{cases}$$

$$(4-3)$$

式中，函数 $\beta(h_{ij}(c_w)) \in [0, 1]$，称为实体 e_j 在网络环境中的稳定度，稳定度反映了实体持续提供服务的能力和稳定运行的程度，与该实体交互的次数越多说明实体的稳定度越高，因此，函数 $\beta(x)$ 应具有如下两个性质。

性质 4-1 $\beta(x_1) < \beta(x_2)$，当 $1 \leqslant x_1 < x_2$。

性质 4-2 $\beta(1) = 1/2$，且 $\lim\limits_{x \to \infty} \beta(x) = 1$。

依据上述两个性质，函数 $\beta(x)$ 的构造式(4-4)。

$$\beta(x) = 1 - \frac{1}{\sqrt[\delta]{e^{x-1}+1}}, \quad x \geqslant 1 \qquad (4-4)$$

式中，调节因子 $\delta \geqslant 2$ 的任意常数，用于控制稳定度 $\beta(h_{ij}(c_w))$ 趋于 1 的速度，δ 的取值越大，$\beta(h_{ij}(c_w))$ 趋于 1 的速度越慢。通过性质 4-1 和性质 4-2 可知，$\beta(x)$ 是单调递增函数，当 $x=1$ 时，其值最小为 1/2，当 $x \to \infty$ 时，其值最大趋于 1，所以取值范围为 $1/2 \leqslant \beta(x) < 1$，则 $0 < 1-\beta(x) \leqslant 1/2$，得出 $\beta(h_{ij}(c_w)) \geqslant 1-\beta(h_{ij}(c_w))$。

式(4-3)采用了激励和惩罚两种不同的直接信任度更新策略。

(1)当交互满意度 $\eta \geqslant 0.5$ 时，历史交互满意度在迭代过程中占较大比重，历史交互窗口 $h_{ij}(c_w)$ 越大，直接信任积累的难度越高，说明实体只有长期稳定的提供真实服务才能获得高信任值，而且如果想提高当前信任值需要提供比以前更好的服务，即每次的交互满意 η 要大于当前信任度 T_D，否则，将会根据交互满意度向下微调其信任度，从而能够激励实体长期稳定地提供可靠的服务，促进整个网络的良性发展。

(2)当交互满意度 $\eta<0.5$ 时，说明本次交互对实体提供的服务不满意，在迭代过程中交互满意度的权重较大，增加了信任值下降的速度，说明了实体如果提供不真实服务将导致信任值急剧下降，对该实体的不良行为进行严厉惩罚。

该方法能够有效地遏制伪装恶意实体或策略性恶意实体的摇摆攻击，因为这类恶意实体的特征表现为：当信任度趋近可信门限值时提供真实服务来积累信任度，而当信任度高于可信门限值时就提供不真实服务，采用交替策略或摇摆策略达到攻击的目的，而激励和惩罚机制有效抑制了交替策略行为的发生。

根据信任关系的时效性可知，随着时间的推移历史信任度对于当前信任评估的参考价值越来越弱，因此，如果实体在一个衰减周期 T 内没有交互其信任度应进行相应衰减，但是不同实体衰减的速度应不同，衰减的速度应与实体的稳定度有关，实体的稳定度越高，信任值衰减速度慢，反之衰减速度越快。为此，对式(4-4)设计的衰减函数 $\zeta(t,t_o)\in(0,1)$ 进行了改进，如式(4-5)所示，时间衰减因子充分体现了信任随时间变化而衰减的特性，而且与实体的稳定度具有相关性，如图4-2所示。

$$\zeta(t,t_o)=2^{-[1-\beta(h_{ij}(c_w))](t-t_o)} \tag{4-5}$$

性质4-3 时间衰减性。

证明：假设在任意时间戳 t_1 和 t_2 时刻，且 $t_o<t_1<t_2$，只要证明 $\zeta(t_2,t_o)<\zeta(t_1,t_o)$，即可证明 $\zeta(t,t_o)$ 具有时间衰减性。

$$\frac{\zeta(t_2,t_o)}{\zeta(t_1,t_o)}=\frac{2^{-[1-\beta(h_{ij}(c_w))](t-t_o)}}{2^{-[1-\beta(h_{ij}(c_w))](t-t_o)}}=2^{-[1-\beta(h_{ij}(c_w))](t_2-t_o)+[1-\beta(h_{ij}(c_w))](t-t_o)}=2^{[1-\beta(h_{ij}(c_w))](t_1-t_2)}$$

因为实体的稳定度 $1/2\leq\beta(h_{ij}(c_w))<1$，得出 $0<1-\beta(h_{ij}(c_w))\leq1/2$，且 $t_1-t_2<0$，所以上式恒小于1且大于0，即 $\zeta(t_2,t_o)<\zeta(t_1,t_o)$，命题得证。

性质4-4 稳定度相关性。

证明：假设实体 e_i 与实体 e_x 和 e_y 的在上下文 c_w 条件下的历史交互窗口分别为 $h_{ix}(c_w)$ 和 $h_{iy}(c_w)$，且 $\beta(h_{ix}(c_w))<\beta(h_{iy}(c_w))$，只要证明在相同衰减时间 t 和更新时间 t_o 条件下，$2^{-[1-\beta(h_{ix}(c_w))](t-t_o)}<2^{-[1-\beta(h_{iy}(c_w))](t-t_o)}$，即可证明 $\zeta(t,t_o)$ 具有稳定度相关性。

$$\frac{2^{-[1-\beta(h_{ix}(c_w))](t-t_o)}}{2^{-[1-\beta(h_{iy}(c_w))](t-t_o)}}=2^{[\beta(h_{ix}(c_w))-\beta(h_{iy}(c_w))](t-t_o)}$$

因为 $t-t_o>0$，$\beta(h_{ix}(c_w))-\beta(h_{iy}(c_w))<0$，所以上式恒小于 1 大于 0，命题得证。

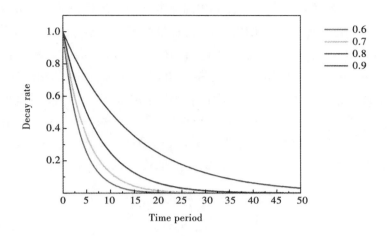

图 4-2 信任时间衰减曲线

4.4.3 基于推荐实体熟悉度的综合推荐信任度聚合方法

为了提高推荐信任度评估的准确性和可靠性，将搜索到的推荐实体依据与评估实体间的熟知关系，分为直接推荐实体(有直接交互经验的实体，即自己的熟人)和间接推荐实体(没有交互经验的实体，即熟人介绍的人)，对直接推荐实体和间接推荐实体传递的推荐信息分别采用不同的聚合方法运算，因为通常自己越熟的人推荐的信息可靠性越高，具体聚合方法如下。

定义 4-1 设实体 e_j 的推荐实体集合为 $R=\{r_1, r_2, \cdots, r_z\}$，其中直接推荐实体集合为 $R_d=\{r_{d_1}, r_{d_2}, \cdots, r_{d_x}\}$，间接推荐实体集合为 $R_{id}=\{r_{id_1}, r_{id_2}, \cdots, r_{id_y}\}$，满足关系式 $x+y=z$ 并且 $R_d \subseteq R$，$R_{id} \subseteq R$，则实体 e_i 从集合 R 中获取的有关实体 e_j 的综合推荐信任度定义为 $R(e_i, e_j, c_w, t)$，令

$$R(e_i, e_j, c_w, t)=$$

$$\begin{cases} \varphi, & |R|=0 \\ R_d(e_i, e_j, c_w, t), & |R_{id}|=0 \\ \beta(H_d(c_w))R_d(e_i, e_j, c_w, t)+\left[1-\beta(H_d(c_w))\right]R_{id}(e_i, e_j, c_w, t), & |R_{id}|>0 \end{cases}$$

$$(4-6)$$

式中，$R_d(e_i, e_j, c_w, t)$ 表示实体 e_i 从直接推荐实体中获取的有关实体 e_j 在时

间戳 t 时刻上下文 c_w 条件下推荐的信任度，$R_{id}(e_i, e_j, c_w, t)$ 表示实体 e_i 从间接推荐实体中获取的有关实体 e_j 在时间戳 t 时刻上下文 c_w 条件下推荐的信任度。在综合计算推荐信任度时，不能采用简单的加权平均法，应重点考虑直接推荐实体推荐的信任度，为此采用式(4-4)提供的函数 $\beta(H_d(c_w))$ 作为直接推荐信任和间接推荐信任合成的权重因子，称 $\beta(H_d(c_w))$ 为实体 e_i 对直接推荐实体的熟悉度。$H_d(c_w)$ 为实体 e_i 与直接推荐集合 R_d 中的实体在上下文 c_w 条件下的历史交互总数目，称 $H_d(c_w)$ 为实体 e_i 与集合 R_d 的总的历史交互窗口，显然，$H_d(c_w)$ 值越大，实体 e_i 与集合 R_d 中的实体交互经验就越多，也就越熟悉，则熟悉度 $\beta(H_d(c_w))$ 的值也越大，而且 $\beta(H_d(c_w)) \geqslant 1-\beta(H_d(c_w))$，说明在获取推荐信任时总是优先考虑直接推荐实体的推荐信息。$H_d(c_w)$ 计算如式(4-7)。

$$H_d(c_w) = \sum_{x=1}^{|R_d|} h_{ix}(c_w) \tag{4-7}$$

式中，$h_{ix}(c_w)$ 表示实体 e_i 与实体 $r_{dx} \in R_d$ 的历史交互窗口。

$R_d(e_i, e_j, c_w, t)$ 采用每个实体的历史交互窗口占总的历史交互窗口的比重为权重影响因子，说明越熟悉的实体推荐可信度越高，计算方法如式(4-8)。

$$R_d(e_i, e_j, c_w, t) = \sum_{x=1}^{|R_d|} h_{ix}(c_w) \times T_D(r_{dx}, e_j, c_w, t)/H_d(c_w) \tag{4-8}$$

$R_{id}(e_i, e_j, c_w, t)$ 采用路径衰减因子作为权重，因为不同的间接推荐实体被搜索所经过的路径长度不同，不能采用简单的加权求和，而路径衰减因子较好地解决了实体的路径问题，在网络中搜集到实体的路径越长，则实体的路径衰减因子越小，说明该实体的推荐可信度越低，计算方法如式(4-9)。

$$R_{id}(e_i, e_j, c_w, t) = \sum_{y=1}^{|R_{id}|} L(l_{r_{idy}}) \times T_D(r_{idy}, e_j, c_w, t) \left/ \sum_{y=1}^{|R_{id}|} L(l_{r_{idy}}) \right. \tag{4-9}$$

式中，$L(l_{r_{idy}})$ 为实体 $r_{idl} \in R_{id}$ 的路径衰减因子，$l_{r_{idy}}$ 为实体 r_{idl} 的路径长度，其计算采用式(4-10)的路径衰减函数，参数 λ 是模型自适应设定的最长搜索路径长度，参数 $\psi \in [0, 1]$ 是推荐信任路径衰减快慢的调节因子，用于控制 $L(x)$ 趋于 0 的速度，参数 ψ 的值越大，$L(x)$ 趋于 0 的速度越快。

$$L(x) = 1 - \frac{(x-1)\psi}{\lambda}, \; x \geqslant 2 \tag{4-10}$$

在实际网络中进行推荐实体搜索时，搜索路径长度 λ 越大，搜索到的推荐实体数量越多，但搜索速度越慢、网络带宽占用率也越高，导致模型运算效率下降，需要一种在推荐证据和模型运算效率之间进行合理权衡的策略，在保证信任证据充分的前提下，适当地减小网络搜索规模。为此，给出 λ 的取值与直接信任证据多少成反比的折中策略，即在直接信任证据较少时，无法依靠直接信任证据确定实体的可信程度，此时，推荐路径的长度稍大些；而在直接信任证据比较充分时，采用直接信任证据基本可以确定实体的可信程度，此时，推荐路径的长度应较小些，从而可以有效地提高模型的运算效率，减小系统的网络开销。遵循这一原则，利用式(4-11)自适应地设定 λ 的大小。

$$\lambda = \begin{cases} \lfloor \log_p n \rfloor + 1, & h_{ij}(c_w) = 0 \\ \left\lceil (\lfloor \log_p n \rfloor + 1) \left(1 - \dfrac{h_{ij}(c_w)}{H}\right) \right\rceil, & 0 < h_{ij}(c_w) < H \\ 1, & h_{ij}(c_w) \geq H \end{cases} \qquad (4-11)$$

式中，p 为实体 e_i 的邻居实体的数量，n 为网络实体的规模数，H 为系统设定的交互窗口最大自信因子。

（1）当 $h_{ij}(c_w) = 0$ 时，说明实体 e_i 对实体 e_j 在上下文 c_w 条件下没有直接信任证据，此时需要最大的查询深度，以尽可能地查找到所有推荐实体，因为在推荐实体搜索时以树形结构递归地向其邻居实体发送查询请求，所以查找的最大深度为 $\lfloor \log_p n \rfloor + 1$。

（2）当 $h_{ij}(c_w) \geq H$ 时，说明实体之间的直接信任证据比较充分，此时，设定查找深度为1，即只查找直接推荐实体。

（3）当 $0 < h_{ij}(c_w) < H$ 时，λ 的取值随着历史交互窗口 $h_{ij}(c_w)$ 的增大逐渐减小，满足了推荐搜索路径随着直接交互经验多少动态自适应调整的特性。

4.5 模型的属性分析

衡量信任模型能否适用于信任评估的重要指标，就是建立的信任关系是否满足信任的基本性质。为了说明模型适用于自治实体的信任评估，对信任模型建立的信任关系性质进行如下分析。

（1）主观性方面，体现以实体自身历史交互经验为主要参考证据评估实体的信任度，由于不同实体对同一被评估实体的历史交互经验不同，所得到的信任度也不同，所以具有一定的主观性。

$$\exists c_w (T(e_i, e_j, c_w, t) \neq T(e_l, e_j, c_w, t))$$

（2）动态性方面，体现为两方面：一是随着新交互证据的出现能够对信任关系进行动态更新；二是如果长时间没有新交互证据则进行时间衰减演化，所以信任关系具有动态性。

$$\exists c_w(T(e_i, e_j, c_w, t_1) \neq T(e_i, e_j, c_w, t_2))$$

（3）不对称性方面，体现为任意 t 时刻实体 e_i 对实体 e_j 信任度，与实体 e_j 对实体 e_i 的信任度不一致，具有不对称性。

$$T(e_i, e_j, c_w, t) \neq T(e_j, e_i, c_w, t)$$

（4）弱传递性方面，信任关系的建立依赖于直接推荐实体或间接推荐实体的推荐证据，实体间的信任关系具有传递性，但是对推荐证据只是作为辅助证据，在缺乏有效的直接证据时才作为主要参考，所以只是弱传递性。

（5）时间衰减性方面，体现为采用的时间衰减函数，如果两个实体在一个衰减周期 T 内没有交互发生，实体间原有信任关系随着时间推移而不断衰减。

$$\forall c_w(T_D(e_i, e_j, c_w, t) = T_D(e_i, e_j, c_w, t_o)\zeta(t, t_o))$$

（6）服务相关性方面，体现为在对实体信任关系建模时以实体提供的服务为上下文条件，在任意时刻不同服务条件下对实体的信任程度不同。

$$T(e_i, e_j, c_x, t) \neq T(e_i, e_j, c_y, t), \text{ where：} c_x \neq c_y$$

（7）信任全局性方面，体现为实体不仅基于自身历史交互结果评估实体的信任度，同时，通过网络中其他实体的推荐证据评估实体的信任度，所以评估证据具有较好的全局性特征。

（8）多维度测性方面，体现为评估证据的多维性，模型采用交互证据和推荐证据两个维度度量实体的总体信任度，而且在对实体交互满意度度量时从可用性证据、可靠性证据、安全性证据、实时性证据、行为一致性证据和约束一致性证据六个维度进行综合评估，所以具有多维度测性。

由以上分析可知，信任模型建立的信任关系满足信任的基本性质，可以较好地适用于新型互联网计算环境下自治实体的信任评估，尤其适用于对主观性要求较高的实体信任评估。

4.6 信任信息的分布式存储机制

当实体 e_i 对实体 e_j 的直接信任度评估之后，需要将实体 e_j 的信任信息存储起来以便下次评估使用。信任信息的存储机制将在很大程度上决定信任模型的效率和信任评估的准确性。由第 2 章的信任信息的存储机制分析可知，现有模型大都采用基于 Chord 协议为网络中每个实体指派信任管理实体的共享策略，其目的是利用网络中的实体管理一个或若干个其他实体的全局信任值，这种方法在相对稳定的环境中是非常有效和安全的存储机制。然而，在开放和动态演化的网络环境中节点具有动态性，如果一个自治实体由于不稳定突然退出网络或遭受到攻击，则其维护节点的全局信任值将很容易在网络中丢失或不能及时获取，增加了信任评估的风险性。而且采用共享方式将导致信任模型的通信负载和计算复杂性的增加，大大降低了模型的工作效率。因此，在新型的网络计算环境下，为了满足应用系统的动态演化和开放的特性，以及实体的动态性和高度自治性的特征，需要有一套非集中式的信息存储机制实现实体信任值的存储。

为了提高模型的存储和查询效率，确保信任信息不会因为个别实体的失效或退出而受到损失，在充分考虑了网络消息代价和负载平衡的基础上，设计了具有信息冗余能力的分布式树形存储机制 DST（distributed storage tree）。在该方案中网络中的每个实体采用四层的树形结构存储和维护其邻居实体的信任信息，包括每一个上下文条件下的直接信任度及发生的时间戳和交互记录等数据，其结构如图 4-3 所示。其中，根节点 e_i 是存储信任信息的实体，子节点 e_{i1}，e_{i2}，e_{i3}，…，e_{ip} 是与实体 e_i 有过直接交互的实体，称为 e_i 的邻居实体。任意节点 e_{ij}，$1 \leqslant j \leqslant p$ 最多有 m 个子节点 c_1，c_2，…，c_m，为实体交互的上下文条件，每个上下文节点有三个叶子节点：T_D 为直接信任度、t_o 为最近交互的时间戳、h 为交互记录数。

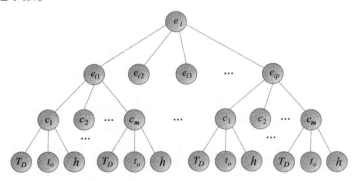

图 4-3　信任信息的存储结构

树的构造和节点值的更新由实体 e_i 与其他实体的交互或网络运行一段时间后触发，即每当实体 e_i 与实体 e_{ij} 在上下文 c_w 条件下进行交互并对其评价后，

实体 e_i 将对树进行更新。首先遍历其子节点查找是否存在实体 e_{ij}，如果存在继续遍历实体 e_{ij} 的子节点查找 c_w，然后对 c_w 的三个子节点的值进行更新；如果实体 e_i 在其子节点中没有查找到实体 e_{ij}，则在根节点 e_i 下面插入子节点 e_{ij}，然后在节点 e_{ij} 下面插入节点 c_w，最后在节点 c_w 下面插入三个叶子节点并依此为直接信任度、交互时间戳 t_o 和交互记录数。

    DST 机制采用网络实体存储其邻居实体信任信息的方法，即对某个网络实体的直接信任度都存在本地。当需要查找某实体信任度时，首先在本地查找该实体的直接信任度，然后在网络中查找其他实体对该实体的推荐信任度。该方法由于将一个实体的信任度分布在多个邻居实体中，所以即使某个邻居实体退出网络，仍然可以在其他邻居实体中查找到该实体的信任度，所以该机制具有较强的信息冗余能力，增强了模型的稳定性和鲁棒性。在网络带宽开销方面，由于在计算某个实体总体信任度时，从本地获取该实体的直接信任度，相对于已有模型从网络中其他实体获取直接信任度的方法，DST 机制大大减小了网络的带宽开销。在安全性方面，由于直接信任信息存储在本地，很难被网络中的恶意实体篡改，而推荐信任通过实体评分相似度来剔除虚假和恶意的推荐信息，从而保证了信任信息的安全性。

    当实体 e_i 与实体 e_{ij} 在上下文 c_w 条件下进行交互并对其评价后，实体 e_i 将调用更新和调整算法对树的结构和节点值进行更新，具体算法如下。

算法 4-1   信任树的更新和调整算法。

UpdateTree(e_i)

begin

      访问树的根节点 e_i；

      依次遍历 e_i 的所有子节点查找 e_{ij} 是否存在；

      if(存在节点 e_{ij})

            遍历 e_{ij} 的所有子节点查找 c_w 是否存在；

            if(存在节点 c_w)

                  分别对节点 c_w 的三个子节点 T_D、t_o 和 h 的值进行更新；

            else

                insertChild(e_{ij}, e_{ij})；// 在节点 e_{ij} 下面插入子节点 c_w

                //在节点 c_w 插入三个子节点 T_D、t_o 和 h

                insertChild(c_w, T_D)；

                insertChild(c_w, t_o)；

$$\text{insertChild}(c_w, h);$$

        end if

    else

        insertChild(e_i, e_{ij}); // 在根节点 e_i 下面插入子节点 e_{ij};

        insertChild(e_{ij}, c_w); // 在节点 e_{ij} 下面插入节点 c_w;

        //在节点 c_w 分别插入三个子节点 T_D、t_o 和 h

        insertChild(c_w, T_D);

        insertChild(c_w, t_o);

        insertChild(c_w, h);

    end if

end

4.7　相关算法及分析

基于交互感知的信任评估算法,其基本思想是在每次评估 e_j 在上下文 c_w 条件下的总体信任度前,首先获取历史交互窗口和可靠推荐窗口的大小,依据总体信任评估策略制定方法计算直接信任度所占的权重,然后以此为评估依据计算实体的总体信任度。下面给出模型动态自适应地求解实体总体信任度的具体算法。

算法 4-2　动态自适应的总体信任度求解算法。

OverallTrustDegree(　) // 实体 e_i 计算实体 e_j 在上下文 c_w 条件下的总体信任度

begin

    //首先计算实体 e_j 在上下文 c_w 条件下的直接信任度

    实体 e_i 从其维护的信任树中查找 e_j 是否存在;

    if 没有查找到实体 e_j　// 实体 e_i 与 e_j 以前没有过交互记录

        $T_D(e_i, e_j, t) = \varphi$;　// 实体 e_i 对 e_j 的信任记录为空

    else

        从子树 e_j 中查找 c_w 是否存在;

        if 存在 c_w

            则获取 T_D、t_o 和 h 的值;

            实体 e_j 的稳定度⇐计算等式(4-4);

$$T_D(e_i, e_j, c_w, t) \Leftarrow 计算等式(4-3);$$

else

$h_{ij}(c_w) = 0;$ //实体 e_i 与 e_j 在上下文 c_w 下的历史交互窗口为 0

$$T_D(e_i, e_j, c_w, t) \Leftarrow 计算等式(4-3);$$

end if

end if

//   查找实体 e_j 的推荐实体

// $NeighborSet(e_i)$ 表示实体 e_i 的邻居实体, 即树中 e_i 的所有孩子节点的集合

for   所有 $e_{ix} \in NeighborSet(e_i)$ 并且 $e_{ix} \neq e_j$

对实体 e_{ix} 进行标记;//用于判别实体 e_{ix} 是否已被遍历

if 实体 e_{ix} 与实体 e_j 在上下文 c_w 有过交互

$R_d = R_d + e_{ix};$//形成直接推荐实体集

else

$\lambda \Leftarrow 计算等式(4-11);$

$R_{id} = QueryIREntity(e_{ix}, e_j, c_w);$//根据算法 4-2 搜索间接推荐实体 R_{id}

end if

end for

//   计算推荐信任度

$R_d(e_i, e_j, c_w, t) \Leftarrow 计算等式(4-8);$

$R_{id}(e_i, e_j, c_w, t) \Leftarrow 计算等式(4-9);$

直接推荐实体的熟悉度 $\Leftarrow$ 计算等式(4-7)和式(4-4);

$R(e_i, e_j, c_w, t) \Leftarrow 计算等式(4-6);$

//计算总体信任度

$\theta\left(h, |R_d|\right) \Leftarrow 计算等式(4-1);$

$T(e_i, e_j, c_i, t) \Leftarrow 计算等式(4-2);$

return $T(e_i, e_j, c_i, t)$ 的值;

end

本章算法相对于第 3 章的信任评估算法, 由于引入了直接信任度权重计

算、实体稳定度计算、可靠推荐实体熟悉度计算,增加了算法的计算开销。但是,在通信开销方面,由于引入了动态搜索路径计算方法,在模型经过一段周期运行之后,实体直接交互证据比较充足时,只向自己的邻居实体发送搜索请求,此时,可以在 $O(1)$ 跳数返回查询请求,通信的消息条数为 p,即搜索的邻居实体规模数,模型的通信开销明显下降。

4.8 仿真结果及其分析

为了验证交互感知的动态自适应的信任评估方法,在引入交互感知的能力之后,相对于第 3 章的信任评估方法在信任评估准确性方面的优势。本章采用第 3 章搭建的仿真实验环境,模拟实现了动态自适应的信任评估方法,并对两种方法在抗攻击性和提高准确性方面进行了对比分析。

实验环境设置和性能指标与 3.6.2 节相同,而对本章的信任评估方法在模拟实现过程中,设定直接交互证据充足性的最大自信因子 H 为 20,在计算实体稳定度和推荐熟悉度策略时设定调节因子 δ 为 4,计算间接推荐信任的路径衰减快慢的调节因子 ψ 设定为 0.2。

4.8.1 遏制 CM 类恶意实体仿真及其讨论

实验的目的主要是为了验证本章信任评估方法在引入实体稳定度之后,对 CM 类恶意实体攻击的遏制能力。实验假设网络中的所有恶意实体均是 CM 类,每个 CM 类恶意实体以 40% 的比例提供可信服务,攻击策略设定为先连续提供 10 次可信服务然后连续提供 10 次恶意服务,通过调整 CM 类实体的比例来考察本章信任评估方法的性能。

图 4-4(a)是 CM 类恶意实体规模为 30% 环境下的 *MSR* 比较情况,这样的 CM 类实体规模基本符合一个实际网络的特点,因为在实际网络中大部分都是正常实体,恶意实体只占少部分。从图 4-4(a)的实验结果中可以看出,在网络运行前 30 个时间片,两种信任评估方法在抗击 CM 类实体攻击的能力相差不多,而且恶意服务成功率都呈上升趋势,这是由于 CM 类实体采用摇摆攻击策略的缘故。而在网络运行 30 个时间片后,交互感知的信任评估方法在遏制 CM 类实体恶意攻击方面具有明显的效果,能够迅速降低恶意服务攻击的成功率,在运行 180 个时间片后恶意服务攻击的成功率趋近于 0,这是因为当 CM 实体进入恶意服务阶段之后,基于实体稳定度的惩罚-激励措施对这类实体进行严

厉惩罚起到了作用。通过对实验结果分析表明，本章的信任评估方法对直接信任度积累采用的激励和惩罚机制在抑制 CM 类实体方面效果更加明显。

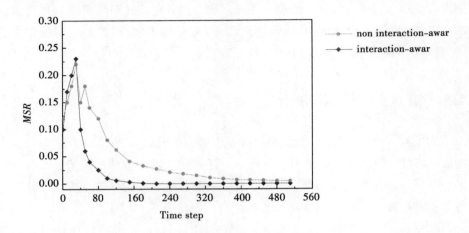

（a）*MSR* 在 CM 类实体为 30% 下的变化规律

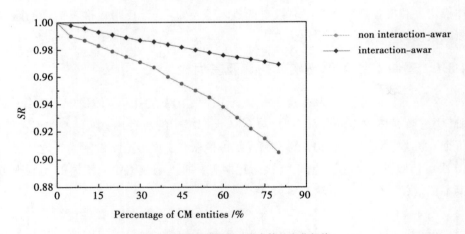

（b）*SR* 随不同规模的 CM 类实体的变化规律

图 4-4　*MSR* 和 *SR* 随不同规模的 CM 类实体的变化规律

图 4-4（b）是考察两种信任评估方法在不同规模 CM 类恶意实体环境下 *SR* 的变化情况。由图 4-4（b）给出的实验结果对比可以看出，交互感知的信任评估方法在提高实体服务请求成功率方面具有非常明显的优势，随着 CM 类恶意实体比例的增加，实体服务请求成功率下降趋势比较缓慢，即使恶意实体比例为 80% 时，实体服务请求成功率仍达到了 97% 左右，这是因为在网络运行初始阶段当 CM 实体实施几次攻击之后，便被进行了严厉惩罚和遏制，而随着网络

的运行实体历史交互窗口不断增加，当实体历史交互窗口大于系统设定的最大自信因子时，此时，选择实体以自己的直接信任度为主，所以，能够比较成功地选择到自己满意的服务，说明本章采用的动态自适应的总体信任评估方法在提高服务请求成功率方面起到了主要作用。

4.8.2 抵御 MC 类恶意实体仿真及其讨论

该实验的目的是为了验证基于推荐实体熟悉度的综合推荐信任聚合方法对 MC 类实体协同攻击和虚假推荐抵御的能力。实验假设网络中所有的恶意实体均为 MC 类实体，每个 MC 类实体与正常实体交互后给出较低的信任值，而与其他 MC 类实体交互后给出较高的信任值。通过调整 MC 类实体规模考察本章信任评估方法在抑制恶意服务请求成功率和提高请求服务成功率方面的情况。

图 4-5(a) 给出了 MC 类恶意实体规模为 30% 环境下的 *MSR* 比较情况，从图中的实验结果对比可以看出，本章信任评估方法相对于第 4 章的评估方法在抵御 MC 类实体协同攻击方面比较有优势，随着仿真时间片的进行恶意服务成功率快速下降且在 260 时间片附近降低为 0 并最终保持相对稳定，这是因为随着实体之间交互次数的增加对直接推荐实体的熟悉度越来越高，在计算综合推荐信任度时以自己比较熟悉的直接推荐实体的证据为主，所以推荐信任度计算的准确性比较高。同时，当实体的直接交互证据自信因子大于系统设定值后，在选择实体时以自己的直接交互证据为主，从而又可以对恶意推荐和虚假推荐进行了抑制。通过实验结果分析说明，本章信任评估方法在抵御串谋团体的协同攻击方面具有较好的效果。

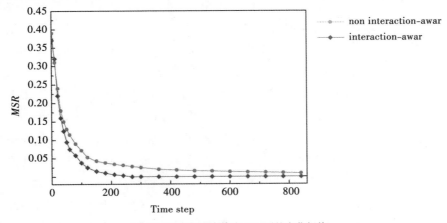

(a) *MSR* 在 MC 类实体为 30% 下的变化规律

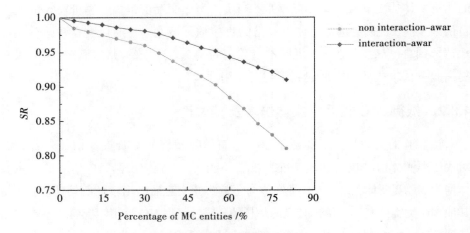

（b）SR 随不同规模的 MC 类实体的变化规律

图 4-5　MSR 和 SR 随不同规模的 MC 类实体的变化规律

图 4-5（b）给出了 SR 随不同规模 MC 类实体的变化情况，从图中给出的对比结果可以看出，随着 MC 恶意实体比例的增加，本章信任评估方法的服务请求成功率要高于第 4 章评估方法，这是因为基于推荐实体熟悉度的综合推荐信任聚合方法可以提高推荐的准确度，而动态自适应的总体信任评估方法又可以提高选择自己满意服务的准确度，从而使得当 MC 类恶意实体的比例达到 80% 时，整个系统的服务请求成功率仍能保持在 91% 左右。

4.8.3　抵御 MS 类恶意实体仿真及其讨论

该实验的目的是为了验证本章信任评估方法对 MS 类恶意实体的抵御能力。实验假设网络中的所有恶意实体均为 MS 类实体的同伙，MS 类实体在恶意实体中的比例为 20%，在仿真过程中，设定所有 MS 类实体与同伙交互后给予好的评价，而与正常实体交互后给予差的评价。通过调整恶意实体规模考察在间谍实体环境下的恶意服务攻击成功率的变化情况。

图 4-6（a）给出了恶意实体为 50% 环境下的 MSR 的比较情况。从图中的实验结果对比可以看出，在仿真的初始阶段本章信任评估方法与第 4 章评估方法的恶意服务成功率比较接近，本章信任评估方法效果稍差一些，但是随着仿真时间片的增大，本章信任评估方法对恶意服务攻击成功率遏制下降速度比较快，且在 300 个时间片左右降为 0 并最终保持相对稳定，这是因为对 MS 类实体的恶意推荐主要依靠评分相似度过滤，而在仿真初始阶段由于共同评价的实体较少依靠实体信任度过滤恶意推荐实体，导致MS类实体的推荐成功率较

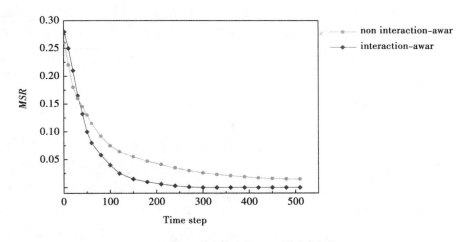

（a）*MSR* 在 MS 类实体比率 20%下的变化规律

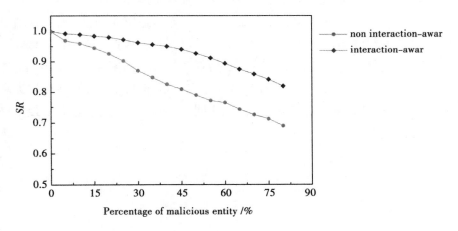

（b）*SR* 在 MS 类实体 20%下的变化规律

图 4-6　*MSR* 和 *SR* 在 MS 类实体 20%下的变化规律

高，而且在仿真初始阶段实体的历史交互窗口比较小，主要以推荐证据为主，致使 *MSR* 比较高，但是当共同评价的实体增多时评分相似度可以过滤掉大部分 MS 类推荐实体，并且由于历史交互窗口的增大在计算总体信任度时以自己的直接交互证据为主，所以能够迅速地降低恶意服务攻击的成功率。

图 4-6(b)是不同规模恶意实体环境下间谍实体为 20%时的 *SR* 比较。从图中可以看出，随着恶意实体比例的增加，两种信任评估方法的服务请求成功率都呈现下降趋势，本章信任评估方法的服务请求成功率要略高于第 4 章评估方法，这是因为两种评估方法虽然在抑制 MS 类实体的恶意推荐方面效果相

同，但是本章的动态自适应的总体信任评估方法在历史交互窗口大于系统设定最大自信因子之后，却能够较好地抑制间谍实体的恶意推荐，所以即使恶意实体比例达到80%时，整个系统的服务请求成功率仍能保持在80%以上。

4.9 本章小结

本章针对已有信任评估方法交互感知能力不足导致的信任评估准确性低和可靠性差的问题，提出了一种基于交互感知的动态自适应的信任评估方法。首先，对需要感知的因素进行分析，在此基础上，通过对第3章的信任评估框架进行扩展，构建了一个基于交互感知的信任评估框架。其次，介绍了基于交互感知的信任评估方法，分别给出了一种动态自适应地总体信任度评估方法、基于实体稳定度的直接信任度评估方法、基于推荐实体熟悉度的综合推荐信任度聚合方法，使得评估策略能够随着证据变化动态自适应地调整，有效地增强了交互证据的感知能力和评估的科学合理性。再次，给出了一种具有信息冗余能力的分布式树型存储机制DST，提高了信任数据存储的安全能力。最后，通过模拟实验证明了基于交互感知的动态自适应的信任评估方法能够有效提高信任评估的准确性，并且能够识别和剔除协同作弊的串谋实体，具有较强的鲁棒性和可靠性。

5 信任模型在 Web 服务推荐中的应用

5.1 问题提出

近年来，随着服务计算技术的发展和软件服务化理念的日益成熟，以 Web 服务为代表的软件服务已成为一种新型的互联网软件开发模式，用户可以从网络中查找满足功能需求的 Web 服务进行组合、协作和集成来完成系统既定的任务。但是，随着 Internet 上发布的 Web 服务资源的不断丰富，用户在查找服务时经常面对大量功能相同或相似的 Web 服务无所适从，如何帮助用户在大量的查询结果中选择到满意的 Web 服务是当前亟须解决的一个重要问题。

现有的 Web 服务注册中心仅仅提供简单的服务功能和质量属性信息，而且服务质量信息通常是由服务提供者给出，存在较强的主观性和非公正性，用户很难通过这些信息选择到自己比较满意的 Web 服务。为此，Web 服务推荐技术作为一种信息过滤的重要手段，成为了帮助用户选择所需 Web 服务的一种最佳方式。Web 服务推荐的任务就是在一组候选服务集合 $S = \{s_1, s_2, s_3, \cdots, s_n\}$ 中，为用户筛选出功能和质量都比较满意的 Web 服务。目前，常用的 Web 服务推荐方式有三种：依据 Web 服务 QoS 属性推荐、依据用户使用服务形成的历史经验信息推荐、依据从其他服务使用者处间接获得的信息推荐。

（1）依据 Web 服务 QoS 属性的推荐方式。主要依靠可信的第三方来实现，一般通过监控代理和认证中心来收集注册表中所有可用服务在服务提供过程中表现出的各种属性信息，然后对收集到的信息进行加工处理，并以此向用户提供 Web 服务的 QoS 属性信息，这种推荐方式能够较准确地刻画服务的 QoS 属性，但是很难满足用户的偏好需求，而且为了能够收集到服务的 QoS 属性，需要在网络中部署大量的软件传感器监控服务的运行。

（2）依据用户使用服务形成的历史经验信息的推荐方式。一般通过反馈机制来收集用户使用服务的评价信息，然后通过对采集的用户使用服务的历史经验信息进行分析，以此向用户推荐所需的 Web 服务，这种推荐方式能够满足用户的偏好需求，但是只能够为用户推荐过去比较满意的 Web 服务和相似的 Web 服务，并不能够向用户推荐潜在所需的 Web 服务。

（3）依据从其他服务使用者处间接获得的信息推荐方式。一般通过推荐信息搜索和定位机制来收集网络中其他服务使用者对服务的历史经验信息，然后通过协同过滤机制处理搜集到的推荐信息，以此为用户推荐所需的 Web 服务。这种方式属于一种协同推荐机制，其优点是强调通过共享多个用户的历史经验信息来判断服务质量的优劣，弥补了单用户历史经验匮乏，难以通过自身历史经验信息判断服务可信度的问题，尤其可以为用户推荐潜在所需的 Web 服务资源。

由上述分析可知，依据从其他服务使用者处间接获得的信息推荐方式能够较好地满足用户的偏好需求和潜在需求，比较适用于为开放环境中的用户推荐和选取 Web 服务资源。但是，实现这种服务推荐方式，并且保证服务推荐的准确性和可靠性，需要解决以下三个问题。

（1）全面收集用户使用服务的历史经验信息，并依据收集到的历史经验信息对 Web 服务性能和质量进行准确评估。

（2）在网络上搜集可信推荐用户，并从中获取推荐用户对被评估 Web 服务的历史经验信息。

（3）依据收集到的所有推荐用户的历史经验信息计算 Web 服务的推荐度。

针对这三个问题，需要提供一种有效的技术和方法以支持服务推荐系统收集用户的历史经验信息来对 Web 服务进行评估。信任模型作为网络实体信任评估的一种重要技术，在收集用户历史经验信息和 Web 服务信任评估方面具有独特的优势，而且能够利用用户之间形成的推荐信任网络搜集可信的推荐用户。为此，本章将前文构建的局部信任模型应用于 Web 服务推荐中，实现对 Web 服务证据的收集和评估，并以此设计和实现一个 Web 服务推荐平台的原型系统。

5.2　信任模型在服务推荐中的应用

为了能够将信任模型应用于 Web 服务推荐中，首先需要分析 Web 服务推荐过程中各元素之间隐含的信任关系，以便可以通过信任关系搜集推荐用户和收集推荐信息。Web 服务推荐过程一般包含两种基本元素：用户和服务，用户是服务的使用者，服务是用户的评估对象。因此，在推荐过程中具有两种信任关系：用户对 Web 服务的信任关系和用户对用户的信任关系。其中，用户对 Web 服务的信任关系依据用户对服务的历史使用经验建立，是用户对 Web 服务质量和性能的信任评价，在作为推荐用户时向其他用户提供自己对 Web 服务的信任度。用户对用户的信任关系是一种推荐信任关系，依据用户的历史推荐经验建立，反映用户推荐的服务真实性的可靠程度。

5.2.1　用户服务信任度评估

准确和客观地评估服务信任度是 Web 服务推荐的基础，对服务信任度评估的准确与否直接影响着服务推荐的效果。现有评估方法对 Web 服务的评价比较简单，只通过用户使用服务的主观感受或者服务调用的成功与否进行评价，如将服务的成功交互次数占总交互次数的百分比作为服务的满意度，Web Service List 站点（http://webservicelist.com）只为用户提供 1~10 的服务等级评价，用户在使用服务后，只能依据自己的服务体验选择一个服务等级进行反馈。但是这类经验信息的主观性比较强，存在非公正性因素，所以很难准确地反映 Web 服务性能和质量的可靠程度，导致用户对服务信任度评估的准确性欠佳。

为了让用户能够获取充分的信任证据，对 Web 服务的性能和质量进行准确客观的评估，将 2.3 节提出的多维信任证据模型和 2.6.2 节提出的交互证据收集机制应用到 Web 服务证据收集中。用户在 Web 服务使用过程中，分别从可用性、可靠性、安全性、实时性、行为一致性和约束一致性六个维度，收集反映 Web 服务性能和质量的客观证据信息。具体收集方法可以采用 3.6.2 节设计的交互证据收集框架实现一个服务监控代理，并将其部署在用户端监控服务的运行状态。因此，可以利用服务监控代理采集到的反映 Web 服务性能和质量的客观证据，以及用户对服务使用的主观证据综合作为用户评估 Web 服务信任度的证据信息。这些信息能够比较客观和全面地反映 Web 服务性能和质量的真实可靠程度。

用户在每次服务执行结束后，依据每个维度采集到的证据信息对该次 Web 服务的性能和质量进行综合的满意度计算，具体计算应用 3.4.3 节提出的基于多维证据的交互满意度评估方法实现。并将用户对服务每次执行的满意度作为历史经验信息。设 $\eta(u_i, s_m, t)$ 表示 t 时刻用户 u_i 对服务 s_m 的满意度，定义为式(5-1)。

$$\eta(u_i, s_m, t) = \begin{cases} -1, & f(Tr_3) = Ma \\ \sum_{x=1}^{6} w(Tr_x) \times d(f(Tr_x)), & \text{其他} \end{cases} \tag{5-1}$$

式中，各参数表示的具体含义与式(4-1)相同。

用户对服务的评价用信任度来表示，依据用户每次使用 Web 服务的历史满意度情况来进行评估，其评估方法采用 3.4.4 节提出的基于满意度迭代的直接信任度评估方法实现。设 $T(u_i, s_m, t)$ 表示 t 时刻用户 u_i 对服务 s_m 的信任度，定义为式(5-2)。

$$T(u_i, s_m, t) = \begin{cases} 0, & \eta(u_i, s_m, t) = -1 \\ \eta(u_i, s_m, t), & T(u_i, s_m, t) = \varphi \\ T(u_i, s_m, t_o)\zeta(t, t_o), & t - t_o \geqslant T \\ \delta T(u_i, s_m, t_o) + (1-\delta)\eta(u_i, s_m, t), & \text{其他} \end{cases}$$

$$\tag{5-2}$$

式中，各参数表示的具体含义和取值情况与式(4-3)相同。该方法的优势主要体现为能够依据用户使用服务的历史经验动态建立用户与 Web 服务的信任关系，并且可以利用时间衰减机制和动态更新机制对信任关系进行动态演化。

5.2.2　服务推荐信任度评估

用户之间推荐信任关系的建立和评估主要依据用户历史推荐的准确度，用户历史推荐准确度越高，则对其推荐的信息越信任；否则，认为其推荐信息可靠性较差。设用户 u_j 为用户 u_i 总推荐次数为 N，其中成功推荐次数为 n_s，则用户 u_i 对用户 u_j 的推荐信任度 $T(u_i, u_j)$ 定义为式(5-3)。

$$T(u_i, u_j) = \frac{n_s}{N} \tag{5-3}$$

通过用户之间的推荐信任关系，网络中所有用户形成了一个推荐信任网络。由于用户之间的推荐信任网络与 2.6.1 节描述的实体信任网络比较相似，为此，将 2.6.1 节提出的推荐证据收集机制应用到推荐用户搜集中。当用户 u_i 在 UDDI 注册中心查询到一组功能相似服务 $S = \{s_1, s_2, s_3, \cdots, s_m\}$ 后，则在其邻居用户中查找一组推荐信任度大于预先设定阈值的用户，即 $T(u_i, u_j) \geqslant \varepsilon$，向其发送推荐用户搜索请求。在搜索过程中，如果用户 u_j 对 $s_m \in S$ 存在信任关系，则用户 u_j 为用户 u_i 关于服务 s_m 的推荐用户。然后，用户 u_j 继续将 u_i 的搜索请求转发给自己的邻居用户，直到搜索条件结束。最后，u_i 搜集到一组推荐用户 $U = (U_{s_1}, U_{s_2}, U_{s_3}, \cdots, U_{s_m})$，其中，$U_{s_m} \in U$ 表示关于服务 s_m 的推荐用户集。

在获得一组可以提供推荐信息的用户后，就要首先确定哪些用户为恶意推荐用户，哪些用户与自己的评价指标最为相似。因为一个用户评价指标与自己越相似，其推荐信息的可信度越高。为此，需要比较推荐用户与自己的评分相似度，计算推荐用户的推荐可靠度，以此作为评估用户推荐信任的权重。用户推荐可靠度的计算方法采用式（3-7）实现，并利用用户推荐可靠度过滤虚假或恶意推荐用户。然后，依据推荐用户对服务信任度的评价，综合计算用户推荐信任度。将 3.4.5 节提出的基于推荐可靠度的推荐信任度聚合方法，应到用户推荐度评估中，设 $R(u_i, s_m)$ 表示推荐用户 U_{s_m} 向用户 u_i 推荐的关于服务 s_m 的推荐度，则定义为式（5-4）。

$$R(u_i, s_m) = \frac{\sum_{j=1}^{|U_{s_m}|} \vartheta(u_i, u_j) T(u_j, s_m, t)}{\sum_{j=1}^{|U_{s_m}|} \vartheta(u_i, u_j)} \qquad (5-4)$$

式中，$\vartheta(u_i, u_j)$ 表示用户 u_i 对用户 u_j 的推荐可靠度。

5.2.3 服务总体信任度评估

在计算出候选服务集合中每个服务的推荐信任度之后，结合用户自己对服务的信任度，评估每个候选服务的总体信任度，以此作为推荐依据对候选服务集合进行排序。由于在计算服务总体信任度时，涉及请求用户自身的经验和推荐用户的数量。为此，将 4.4.1 节动态自适应的总体信任度评估方法，应用到服务的总体信任度评估中。设 $O(u_i, s_m)$ 表示用户 u_i 关于服务 s_m 的总体信任度，则定义为式（5-5）。

$$O(u_i, s_m) = \begin{cases} T(u_i, s_m, t), & |U_{s_m}| = 0 \\ R(u_i, s_m), & h = 0 \\ \theta(h, |U_{s_m}|)T(u_i, s_m, t) + \\ \left[1 - \theta(h, |U_{s_m}|)\right]R(u_i, s_m), & 其他 \end{cases} \quad (5-5)$$

式中，$\theta(h, |U_{s_m}|)$总体信任评估策略，h 为用户 u_i 对服务 s_m 的历史经验数，$|U_{s_m}|$ 为有关服务 s_m 的推荐用户个数，$\theta(h, |U_{s_m}|)$ 的计算方法采用式(5-1)实现。

5.2.4 基于信任模型的 Web 服务推荐步骤

基于上述服务信任度计算方法，给出如图 5-1 所示的基于信任模型的 Web 服务推荐过程和实现步骤。

(1)用户通过 UDDI 服务注册中心上的服务搜索引擎查询满足功能需求的 Web 服务，将得到一组功能相同或相似的候选服务集 $S = \{s_1, s_2, s_3, \cdots, s_n\}$；

(2)用户为了得到每个候选服务的具体信任情况，向推荐机构发送一个候选服务集 S 的推荐请求；

(3)推荐机构接收到用户的服务推荐请求后，首先对用户的请求任务进行解析，识别出需要推荐的服务类别；

(4)在推荐信任网络中搜集有关候选服务 S 的推荐用户，得到一组推荐用户的集合 $U = (U_{s_1}, U_{s_2}, U_{s_3}, \cdots, U_{s_n})$；

(5)依据推荐用户 $U_{s_m} \in U$ 对候选服务 $s_m \in S$ 的信任度，采用式(5-4)计算服务 s_m 的用户推荐信任度；

(6)依据每个服务的用户推荐信任度及用户自己对服务的信任度，采用式(5-5)计算每个候选服务的总体信任度；

(7)推荐决策依据每个候选服务总体信任度的大小，对候选服务 $\{s_1, s_2, s_3, \cdots, s_n\}$ 进行排序，产生推荐列表返回给请求用户；

(8)用户可以根据特定需求从推荐列表中选择信任度比较高的服务 s_i 进行使用，其余未被选择的服务可以在服务发生异常时作为冗余服务使用；

(9)对服务 s_i 的运行状态进行监控，收集用户使用服务 s_i 的经验信息，依据式(5-1)和式(5-2)更新服务 s_i 的信任度。

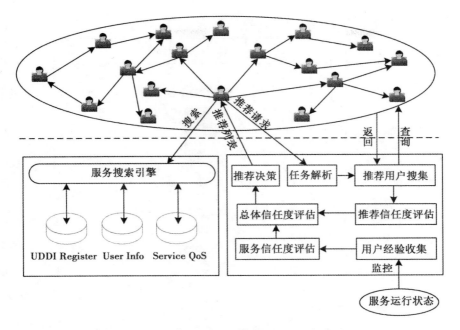

图 5-1　基于信任模型的 Web 服务推荐

5.3　Web 服务推荐平台

5.3.1　Web 服务推荐平台的组成结构

　　为了验证信任模型在 Web 服务推荐中应用的可行性和有效性，基于前面提出的理论和推荐方法设计了一个 Web 服务推荐平台，其组成结构如图 5-2 所示。该平台由服务注册中心、服务注册、服务搜索、服务推荐、用户经验收集、服务信任评估、服务测试和 QoS 更新八个模块组成，其主要功能是收集用户的服务使用经验，建立用户与 Web 服务的信任关系，依据推荐用户的历史经验为用户推荐服务。

　　平台主要模块的功能如下。

　　(1) 服务注册中心负责存储服务提供者注册的服务，包括服务提供商、服务功能、服务类别和 QoS 等基本信息。

　　(2) 服务测试模块用于对新注册的服务进行功能、性能和安全测试，防止恶意服务和虚假服务注册到平台上。QoS 更新模块采集已注册服务执行后的

QoS 信息，并对服务的 QoS 进行动态更新。

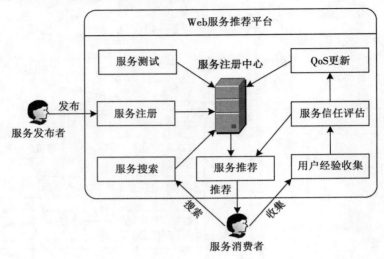

图 5-2　推荐平台的组成结构

（3）服务推荐、用户经验收集和服务信任评估是推荐平台的核心模块。服务推荐模块主要利用用户推荐信任度评估方法和服务总体信任度评估方法，计算每个候选服务的总体信任度，为用户推荐总体信任度较高的 Web 服务。用户经验收集模块负责收集用户使用服务后的反馈信息，包括用户对服务的主观感受信息及部署在用户端的服务监控代理上传的客观信息。服务信任评估模块依据收集到的用户反馈信息，利用用户服务信任度评估方法，建立用户与服务的信任关系。

5.3.2　Web 服务推荐平台的实现

基于设计的推荐平台结构，利用 ASP.Net 技术对 Web 服务推荐平台进行了实现，实现效果如图 5-3 所示。在该平台中，服务提供者可以注册服务及更新服务的 QoS 属性，服务请求者可以按照功能或类别搜索服务，以及反馈服务的使用经验。平台依据用户的搜索需求和其他用户的历史经验自动地为用户推荐所需服务。

为了便于实现服务推荐功能，平台中的每个注册用户都维护两个信任档案：Web 服务信任档案和推荐用户信任档案。Web 服务信任档案记录用户与 Web 服务的信任关系，推荐用户信任档案记录用户与用户之间的推荐信任关系，这两个档案记录了服务推荐所需的基本信息。平台在向用户进行服务推荐时，首先在请求用户维护的推荐信任档案中递归查找推荐用户；然后获取每个推荐用户的 Web 服务信任档案，从中获取推荐用户对候选服务的信任度，依据这些信息，利用用户推荐信任度评估方法，计算推荐用户对服务的推荐信任度；最后结合用户对候选服务的信任度，利用服务总体信任度评估方法计算每个候选服务的总体信任度，并以此为依据对候选服务进行排序，以推荐列表的形式呈现给请求用户。

图 5-3　Web 服务推荐平台

平台的用户经验和证据收集采用以下两种机制实现。

（1）用户评论反馈机制，用户在每次服务调用结束后，利用平台提供的评论反馈接口对服务的可用性满意度等级进行评价，以此收集用户对服务主观的可用性证据。

（2）监控代理自动收集机制，部署在用户端的监控代理自动上传监测到的有关服务信任的实时性、安全性、可靠性等客观证据。基于收集到的信任证据，利用服务信任度评估方法，重新评估用户对服务的信任度，并对其维护的 Web 服务信任档案进行自动更新。

5.3.3 应用结果及分析

为了考察推荐平台的可用性及推荐方法的有效性，在 Web Service List 站点上找了 200 个不同类别的 Web 服务，将其注册在推荐平台上，搭建了一个真实的 Web 服务推荐环境。服务按照功能分为天气预报、股票行情、列车时刻表、在线翻译等类别。同时，组织了 200 个用户在平台上进行了注册，为了验证平台的推荐效果，这些用户对平台提供的服务进行随机访问，然后每个用户通过服务的使用感受对服务进行评价。

为了体现推荐方法的优势，采用平台推荐满意度作为评价推荐方法的主要指标。该指标反映了用户对平台服务推荐的满意情况，平台推荐满意度越高，说明推荐方法的效果越好；否则，认为推荐方法的有效性较差。该指标通过收集用户对平台推荐满意度的反馈情况进行计算，假设在每个测试周期平台为用户推荐的总次数为 N，其中用户反馈为满意的次数为 S，则平台推荐满意度 Sat 定义为式(5-6)。

$$Sat = \frac{S}{N} \tag{5-6}$$

实验 5-1 平台推荐满意度情况及分析。

实验的目的为了验证平台采用的推荐方法具有较好的推荐满意度。在实验过程中，分 10 个测试周期收集用户对平台推荐的满意情况，然后分别计算每个测试周期内的平台推荐满意度，并与 Web Service List 推荐方法的推荐满意度对比来验证本书推荐方法的优势，Web Service List 方法不考虑推荐用户的推荐可靠度，只将推荐用户对服务信任度的平均值作为服务推荐度。

图 5-4 给出了在 10 个测试周期内平台推荐满意度的变化规律。由图 5-4 可以看出，在前 3 个测试周期，本书推荐方法与 Web Service List 推荐方法的推荐满意度相差不多，而且都比较低，为 65% 左右，这是因为在测试初始阶段，平台中用户使用服务的经验较少，在计算服务推荐信任度时证据不足的缘故。但是，随着测试周期的增加，本书推荐方法的推荐满意度呈明显增加趋势，并在第 10 个测试周期达到了 88% 左右，这是因为随着平台中用户使用经验的增多，信任证据比较充分，而且在计算服务推荐信任度时用户的推荐可靠度起到了重要作用的缘故。该实验结果说明，本书推荐方法在为用户推荐所需服务方面具有较好的可行性和有效性。

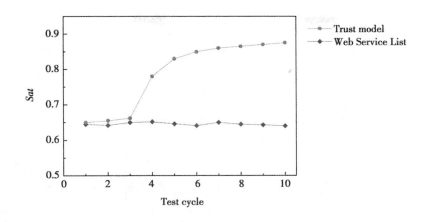

图 5-4　不同方法的推荐满意度比较

实验 5-2　恶意用户对推荐满意度的影响及分析。

该实验的目的为了验证平台具有抵御恶意用户的能力。因为在推荐系统中存在大量推荐用户不诚实评价的问题，这些用户通常不按照实际服务的结果进行评价，甚至对服务进行恶意评价。为此，在平台中模拟注册了 90 个恶意用户，在测试过程中这 90 个用户在每次服务使用完成之后，都对服务给出不真实的评价。通过考察在不同恶意用户规模条件下平台推荐满意度情况，来验证平台对恶意用户抵御的能力。

图 5-5 给出了在不同恶意用户规模条件下推荐满意度的变化规律，由图 5-5可以看出，随着恶意用户数量的增多，Web Service List 推荐方法的推荐满意度下降趋势比较明显，而本书推荐方法的推荐满意度下降趋势则比较缓慢，说明本书推荐方法受恶意用户的影响较小，这是因为恶意用户由于对服务不能诚实地进行评价，致使与正常用户的评价相似度不一致，所以其推荐可靠度较低，在计算服务推荐度信任度时所占权重较小，几乎很难对推荐结果产生影响的缘故。该实验结果说明，本书推荐方法在抵御恶意用户不诚实评价方面具有较好的效果。

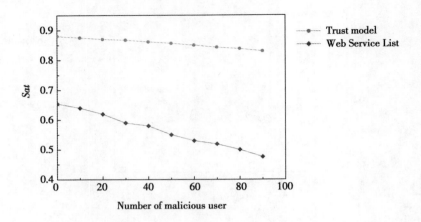

图 5-5　恶意用户对推荐满意度的影响

5.4　本章小结

本章将信任模型应用到 Web 服务推荐技术中，针对现有服务推荐技术用户历史经验信息收集不全面和主观性较强的问题，将提出的多维证据模型及其收集机制应用到用户的历史经验收集中，并基于这类信息给出服务信任度的评估方法，有效地提高了服务信任度评估的准确性。将提出的基于信任树的推荐证据收集机制应用到推荐用户搜集中，解决了可信推荐用户的收集问题，并以此给出服务推荐信任度的评估方法。简单介绍了基于信任的 Web 服务推荐的应用过程和步骤。最后，设计和实现了一个基于信任模型的 Web 服务推荐平台，并通过应用结果分析说明了推荐平台的可行性和有效性。

6 基于信任机制的机会网络安全路由决策方法

6.1 问题提出

近年来，机会网络作为一种新型自组织网络形式受到了国内外研究者的关注，在野外动物追踪、手持设备组网和车载网络等领域得到了广泛应用。机会网络节点具有典型的移动性、开放性和稀疏性的特征，节点的相遇率较低，缺乏固定和有保障的连通链路，一般采用"存储—携带—转发"机制，依靠节点移动带来的机会实现路由，这种模式需要网络中所有节点都自愿协作转发其他节点的路由消息。然而，在开放的机会网络中存在某些自私节点不愿意参与网络协作，甚至有一些恶意节点利用恶意丢包、篡改包或产生垃圾消息包等黑洞攻击形式破坏网络的路由机制，导致整个网络消息包的转发成功率和转发效率降低，增加了网络的平均消息转发延迟时间。如何有效地解决节点的自私问题及抵御各种形式的恶意攻击，提高消息转发性能，成为设计安全高效的机会网络路由协议的关键问题。

现有的传染转发(epidemic forwarding)、PROPHET、Spray and Wait、MaxProp及相遇预测等路由技术，只考虑网络转发成功率和时延等性能问题，比较适用于安全稳定的网络环境，而在具有自私节点和恶意节点的环境中，其性能将会急剧下降。对于节点自私和恶意行为的检测，传统 P2P 网络和 MANETs 网络一般采用信任或声誉等激励机制来解决，通过监视狗或反馈机制收集邻居节点的信任证据，利用信任或声誉评估算法来动态计算邻居节点的信任度，信任度大小反映节点行为的优劣，因此，能够有效检测恶意行为，并且在可信实体选择方面也扮演重要角色；还有研究基于虚拟货币的经济学合作模型激励网络中的自私节点主动合作，每个节点通过为邻居节点提供转发服务赚取虚拟货币，通过支付虚拟货币来让其他节点协助转发数据包，从而激励网络节点自愿提供转发服务。然而，由于受到机会网络中节点的能量、计算能力、网络带宽和缓存空间的限制，以及节点连接关系的不稳定性和不确定性，使得已有信任建模方案很难直接应用到机会网络，主要问题如下。

（1）难以准确及时地收集直接信任证据和直接信任度评价。在机会网络中，由于节点具有较强的动态性，有可能将消息传递到下一跳节点之后就离开连通域，所以无法监视下一跳节点是否成功转发了消息，而消息是否成功传递只有目的节点可获取，因此，很难采用邻居节点监视的方式收集是否成功转发的证据，传统的对邻居节点直接信任评价方法无法适用于机会网络。

（2）缺乏可信的授权中心。传统的全局信任建模方法要求存在一个可信授权中心评估和维护网络中每个节点的信任度，但机会网络中节点连接的多跳性和间断性，导致无法存在可信授权中心来验证下一跳节点的合法性，因为假设存在集中认证授权中心，当通过多跳路由获取验证信息之后，下一跳转发节点可能离开了连通范围，致使验证信息失效，错失转发机会。

（3）节点的计算能力和缓存空间受限。已有信任建模方案在信任证据获取、信任关系维护和评估及存储空间等方面需要花费较大的代价，但是资源受限的机会网络中节点需要付出尽可能小的代价实现信任管理，而以较多的资源实现"存储—携带—转发"的路由任务。

综上所述，设计一个轻量级的适应机会网络的信任评估机制，利用信任度表示转发节点携带消息到达目的节点的能力，将能够为下一跳可信转发节点的选取提供依据，有效抑制自私和恶意节点，有助于实现一种安全的机会网络路由方法。

为此，基于前面章节的信任收集和评估的理论基础，本章提出了一种基于信任机制的机会网络安全路由方法 TOR（trust-based opportunity routing），TOR 采用捆绑携带机制，在消息包转发过程中，动态捆绑中间节点转发证据，大大提高了信任证据收集的及时性和可靠性，有效减小了整个网络证据收集的代价；目的节点接收到消息包后，依据其携带的转发证据，对本次参与消息转发的中间节点进行信任度评估，形成或更新信任路由表信息，利用信任广播方式，周期性地将最新信任路由表反馈给网络中的节点，使每个节点都维护到目的节点的信任路由表，简化了传统信任关系评估和传播的复杂性，节点只付出较小的存储和计算代价维护信任路由表，比较适用于机会网络；在消息转发过程中，TOR 采用沿着信任度递增的梯度转发，若当前节点与目的节点位于同一连通域，则直接转发；否则，转发给当前连通域内到达目的节点可信度最高的节点，该转发方法易发现到达目的节点的最佳路径，提高了整个网络的消息转发成功率，降低了网络平均消息转发延迟时间，并且利用信任路由表可以有效抵御节点的自私行为和黑洞攻击等恶意行为。

6.2 相关工作

目前，研究者在机会安全路由、自私行为和恶意行为检测方面提出了一些方案。2014 年，Zhu 通过建立有效的信任机制，实现了一种概率化的恶意行为检测方案 iTrust，iTrust 在网络中引入了可信授权节点 TA 来收集网络路由证据，基于收集的证据 TA 周期性检测节点的行为，从而以较小的代价保障机会路由的安全性。2013 年，李云提出了一种基于买卖模型的节点激励策略 BIP，BIP 策略采用货币支付模式，综合考虑节点自身资源、拥有的虚拟货币及消息属性对消息进行定价，从而激励自私节点合作，有效地解决了节点盲目合作带来的网络性能退化问题。2010 年，滑铁卢大学 Lu 等人针对自私问题，提出了一种有效的激励协议 Pi，Pi 协议在 Bundle 消息转发过程中，通过附加一些激励信息，激励自私节点自愿公平地转发其他节点的 Bundle 消息，利用可信授权中心为中间转发的声誉和信用进行奖励，并且采用层状硬币模型和双线性加密签名技术实现可靠授权和转发信息的完整性保护机制，其优点具有较好的公平性和激励性，但是可信授权中心在机会网络中很难实现。2012 年，Erman 针对机会网络中存在的拜占庭攻击问题，提出了一种基于迭代算法的信任和声誉机制 ITRM，ITRM 利用有向图描述节点的信任关系，通过迭代算法评价节点的信任度和检测节点的恶意行为，并将恶意节点加入"黑名单"隔离，ITRM 是一种纯分布式的不需要集中授权中心，具有较好的健壮性，有效减轻了拜占庭攻击对网络的影响，但 ITRM 的建立和维护算法复杂，对节点资源的消耗较大。2009 年，Nelson 提出了一种基于相遇预测的路由转发机制 ERB，网络中每个节点维护一个与其他节点相遇概率的列表，采用 quota-based 的多副本转发策略，消息转发的副本数由相遇概率智能决策，其优点是节点能耗开销较小，消息副本分割规则简单，可以防止黑洞攻击和泛洪攻击，但没有解决自私问题和共谋问题。2013 年，Chen 提出了一种应用于容延网络安全路由的动态信任管理协议，该协议从 QoS 和社会信任两方面，采用传统的直接信任和推荐信任相结合的方法评估网络节点的信任度，每个节点内有一个朋友列表，节点相遇时，互换和共享列表中的信息（只互换共有朋友信息），利用相遇矩阵描述节点间的连通性和计算相遇概率，选择概率值较大的节点路由消息，优点是能够有效识别恶意节点和自私节点，抑制黑洞攻击和灰洞攻击，但节点信任评价开销较大，证据获取延迟较高。2012 年，Li 提出了一种分布式的消息包恶意丢弃行为检测方案，该方案中每个节点维护一个具有签名的接触记录表，当两个节点相遇时，互换历史接触记录表，依据历史接触信息判断节点是否有恶意丢包行为，对于恶意节点通过共谋伪造接触记录表的情况，利用随机证人行为一致性检测方法实现共谋行为的识别。2009 年，Li 针对相遇预测中证据的健壮性问题，提出了一种基于相遇票据的证据安全保障方法，该方法利用可信 PKI 两个节点相遇时互相用各自的私钥对票据进行数字签名，有效防止了恶意节点对票据的篡改，并且采用 D-S 证据理论推断相遇节点的转发能力，大大提高了下一跳转发节点预测的准确性。2010 年，新加坡国立大学的 Chen 针对容延网络设计了一个基于信誉的激励系统 Mobi Cent，该系统采用激励机制对节点的转发行为进行奖励和惩罚，保证了路由协议能够发现有效的转发路径，并且能够识别恶意节点的注入攻击和隐藏攻击行为。2007 年，Burgess 为了验证恶意攻击对 DTN 网络的影响，设计了 U Mass Diesel Net 和 Haggle 两个网络系统，通过长期跟踪网络的连通性，分析恶意行为对路由攻击的有效性，实验结果表明，多副本路由是抑制恶意节点攻击的最有效方式，尤其是抑制恶意丢包和篡改数据包攻击最有效。2013 年，Zhao 提出了一种适用于周期性移动 Ad hoc 网络的信任管理方案 CTrust，该方案在信任建模过程中，不仅仅考虑邻居间的信任关系，而且将节点的移动位置和时间因素引入信任关系中，利用有向信任图表示信任关系，有效提高了节点间信任建立的准确性和效率。2013 年，王博提出了一种基于信任度和最小成本机会路由的转发模型，并给出了对应的最小成本信任机会路由算法 MCOR，该算法能够抵制恶意节点加入信任邻居转发列表，以及剔除恶意链路参与信任机会路由的建立过程，并且在吞吐量、端到端时延、期望转发次数和成本开销等方面都有很大的性能提高。2014 年，张三峰提出了一种基于最优停止理论的路由决策方法（OSDR），该方法将每个时隙上所遇节点和目标节点的平均相遇时间作为一个随机变量，根据该随机变量的统计特性，得到一条停止观察、复制消息的规则，实现了数学期望意义上的最小消息投递延迟。

6.3 系统模型

本章采用与已有文献类似的系统模型，网络中不存在集中的可信授权中心，每个节点具有一定的射频范围，只有当两个相遇节点进入射频范围时，才允许互相建立连接和通信，源节点与目的节点的通信采用多跳协作转发实现。网络节点数为 n，每个节点有唯一的 ID 标识 N_i 及对应的公私钥对，由节点初次进入网络时分配，公钥证书在节点第一次相遇时互相传播。每个节点分别有两个独立的缓存空间 B_o 和 B_m，B_o 用来存储路由信任表，B_m 用来存储携带转发的消息包和节点产生的消息包，每个消息包都有唯一的 ID 标识 M_j、产生的时间戳 t、生存周期 TTL 和最大副本数 Nc，所有节点时钟同步；当消息包生存时间结束或收到消息包到达目的节点的确认消息 ACK 后，节点自动从缓存 B_m 中将其删除；当产生一个新消息或接收其他节点转发的消息时，首先检测剩余缓存空间是否满足新消息的存储要求，如果 B_m 已满或剩余缓存空间太小，则节点删除剩余生存时间最小的消息包。

依据节点行为，将其分为正常节点、恶意节点和自私节点三类：正常节点自愿协作按照路由策略无私转发消息包；恶意节点即使 B_m 具有可用的缓存空间仍将丢弃接收的消息包或对消息内容进行篡改，甚至伪造一些垃圾消息包；自私节点为了节省能量有选择性地转发消息，只转发熟悉的源节点、目的节点或上一跳节点的消息包，而对陌生节点传递过来的消息包则丢弃。

6.4 基于信任策略的安全路由方法

6.4.1 基本思想

机会网络中节点具有周期性移动规律，如果某节点成功将消息携带到目的节点，则将来某个时刻与此目的节点相遇概率很高，因此，目的节点利用以往成功携带消息的历史记录，可以较准确地预测将来哪些节点能够成功携带消息达到。基于此原则，提出基于信任机制的机会网络安全路由方法 TOR，每个节点维护一个可信路由表 **TRT**（trust routing table）的数据结构，**TRT** 采用 $n \times n$ 二维矩阵表示如式(6-1)，其中 T_{ji} 表示目的节点 N_j 对转发节点 N_i 的信任程度，反映节点 N_i 将消息携带到目的节点 N_j 的能力。**TRT** 中的行向量 $T_j = (T_{j1}, T_{j2},$

T_{j3}, ⋯, T_{jn}）表示目的节点 N_j 对网络中各个转发节点的信任度，该向量数据由节点 N_j 维护和更新，并周期性地反馈到网络，当节点收到 N_j 新反馈的信任信息后对 **TRT** 表中的行向量 $\boldsymbol{T}_j$ 数据进行更新。列向量 $\boldsymbol{T}_{*i} = (T_{1i}, T_{2i}, T_{3i}, ⋯, T_{ni})^{\mathrm{T}}$ 表示各个目的节点分别对转发节点 N_i 的信任度。

$$\boldsymbol{TRT} = \begin{bmatrix} T_{11} & T_{12} & T_{13} & \cdots & T_{1n} \\ T_{21} & T_{22} & T_{23} & \cdots & T_{2n} \\ \vdots & \vdots & \vdots & & \vdots \\ T_{n1} & T_{n2} & T_{n3} & \cdots & T_{nn} \end{bmatrix} \tag{6-1}$$

显然，在数据转发过程可以利用行向量构成决策知识判断相遇节点携带消息到达目的节点的能力，依据路由决策方法决定是否将携带的消息转发给下一跳节点，而利用列向量构成决策知识判断源节点产生消息的可靠性，防止垃圾消息包的转发。

基于信任的消息转发过程如图 6-1 所示，节点 N_1 携带到目的节点 N_6 的消息 m，当节点 N_1 遇到节点 N_2 时，首先查找可信路由表 **TRT** 获取 T_{61}，T_{62}，如果 $T_{62} > T_{61}$ 表明节点 N_2 携带消息 m 到达目的节点 N_6 的能力大于节点 N_1，是合适的下一跳转发节点，节点 N_1 将消息 m 转发给节点 N_2；否则，节点 N_1 将继续携带消息 m 直到遇到目的节点或下一跳更可信的转发节点。

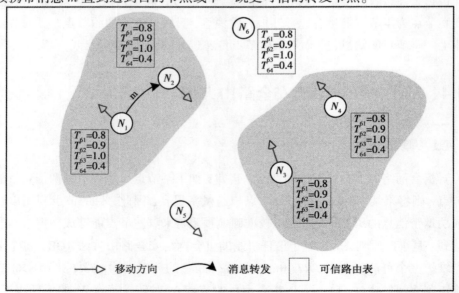

图 6-1　基于信任的消息转发过程

6.4.2 转发证据采集

消息从源节点传输到目的节点需要经过多个中间节点的传递，如图 6-2 所示，源节点 N_0 将消息传输到目的节点 N_k，需要经过传输链 Path: $N_0 \rightarrow N_1 \rightarrow N_2 \rightarrow N_3 \rightarrow N_k$，为了让目的节点及时可靠地采集到中间节点 N_1，N_2，N_3 转发消息的证据和相遇证据，本书采用捆绑携带 captive-carry 机制，在消息传输过程中，将节点转发证据动态捆绑到消息中，由消息携带到目的节点。目的节点收到消息后，同时，可以获得参与消息转发节点的证据，从而能够对这些转发节点进行信任评价。

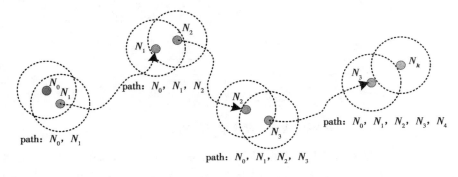

图 6-2　数据传输链路

为了保证消息传输过程的安全性，防止恶意实体篡改消息包和附加虚假转发证据，本书采用层状硬币模型实现捆绑携带机制，典型层状硬币模型由基础层和扩展层组成，基础层由源节点在产生消息时按照指定格式生成，多个扩展层由携带消息的节点在遇到下一跳转发节点时动态生成，作为将消息成功转发到下一跳节点的证据，如图 6-3 给出了一个基于层状硬币模型的消息格式。消息的基础层包括消息头、消息内容和源节点生成的扩展信息，消息头字段 mid，N_0，N_k，t，TTL，nc 分别表示消息 ID、源节点 ID、目的节点 ID、消息生成时间戳、消息的生存周期和消息的副本数，消息内容 C 由源节点利用目的节点的公钥加密生成 $E_{pk_k}\left(H(N_0 \mid t \mid N_k \mid C)\right)$，$H(\ast)$ 是消息属性和内容的哈希函数用于对消息进行验证。当源节点 N_0 在移动过程中遇到节点 N_1，依据路由算法判定节点 N_1 是否是合适的下一跳转发节点，如果节点 N_1 被选择作为下一跳转发节点，则源节点生成扩展层，$sig_0 = SIG_0(N_0 \mid mid)$ 表示源节点对消息的签名，扩展层字段记录源节点 N_0 将消息转发给节点 N_1 的证据消息，ts_0 表示源节点

发送消息到下一跳节点的时间戳，$sig_1 = SIG_1\left(H'(N_0\,|\,ts_0\,|\,N_1)\right)$ 是节点 N_1 的签名，$H'(*)$ 是生成转发证据摘要的哈希函数，作为源节点 N_0 和节点 N_1 的相遇证据和接收证据，表示节点 N_1 接收了上一跳节点转发的消息。在转发过程中，如果在 ts_i 时刻携带消息的节点 N_i 遇到下一跳转发节点 N_k 时，则动态生成扩展层描述节点 N_i 将消息转发给节点 N_k 的证据，以及节点 N_k 接收消息的签名，在每次转发过程中，都按照上述步骤执行直到消息到达目的节点为止。

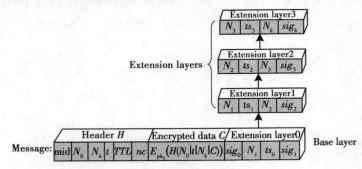

图 6-3　基于层状硬币模型的消息格式

由于消息在转发过程中附加了多层证据信息，基于层状硬币模型的消息开销相对于基本消息开销稍大一些，假设消息 ID、节点 ID 和时间戳等固定字段占 8 个字节，消息头中 6 个字段，共占有 48 个字节，基础层中源节点生成的扩展信息包括两个基本字段和两个签名字段，共占有 $16+2\times|sig|$ 个字节，转发节点生成的扩展信息包括三个基本字段和一个签名字段共占有 $24+|sig|$ 个字节，那么，一个具有 k 个扩展层的消息大小 $Length_k(m)$ 为：

$$Length_k(m)=48+\left|E_{pk_k}\left(H(N_0\,|\,t\,|\,N_k\,|\,C)\right)\right|+16+2\times|sig|+$$
$$(k-1)\times(24+|sig|)\text{字节}$$
$$=40+\left|E_{pk_k}\left(H(N_0\,|\,t\,|\,N_k\,|\,C)\right)\right|+24k+|sig|(k+1)\text{字节}$$

式中，$\left|E_{pk_k}\left(H(N_0\,|\,t\,|\,N_k\,|\,C)\right)\right|$ 表示消息内容加密后的长度；$|sig|$ 表示节点签名信息的长度，因此消息长度主要由消息内容和附加信息构成，一般情况下，$|sig|$ 大概需要 20 个字节，附加的证据信息长度 $L=24k+20(k+1)=44k+20$ 字节，当 $k=20$ 时，$L\approx0.89\text{kB}$，而机会网络如车载网络、野外动物追踪网络消息内容基本在几十千字节至几百千字节，所以附加信息相对消息来说是非常小的，对网络的带宽和节点的存储只付出较小的代价。

6.4.3 可信路由表的构建

目的节点 N_j 收到消息 m 后，从 m 中提取转发节点的证据链 $path$：$N_0 \xrightarrow{ts_0} N_1 \xrightarrow{ts_1} N_2 \xrightarrow{ts_2} \cdots \rightarrow N_i \xrightarrow{ts_i} \cdots \xrightarrow{ts_k} N_j$，对各节点的数字签名信息进行验证作为信任评价证据，如果签名验证正确则对参与消息转发的节点进行信任奖励，为了体现信任评价的公平性和激励性，在奖励时需满足可靠性和延时性原则：

（1）转发节点在证据链中的位置 $path(N_i)$ 越接近目的节点，信任度奖励应越高；$path(N_i)$ 越大，节点携带消息到达目的节点的可靠性越高；

（2）对于链路长度相同的消息，消息延时时间 $\Delta t = ts_k - t$ 越小，节点信任度奖励应越高；Δt 越小，说明这条链中的节点将消息转发到目的节点的延时性越小。

定义 6-1（信任奖励度） 设 $T_{ji}^{(m)}$ 表示目的节点 N_j 对节点 N_i 在消息 m 转发过程中的信任奖励度，令

$$T_{ji}^{(m)} = \frac{1}{2}\left[e^{-\lambda \times \frac{\Delta t}{TTL}} + \varphi + (1-\varphi) \times \left(\frac{path(N_i)}{|path(m)|} \right)^2 \right] \tag{6-2}$$

式中，$|path(m)|$ 表示消息 m 转发路径的长度，$\rho(x) = e^{-\lambda x}$，$0 < x \leq 1$ 表示证据链延时性奖励函数，该策略具有指数递减性 Δt 越小，延时性信任奖励越高，具体取值范围为 $e^{-\lambda} \leq \rho(x) < 1$，$\lambda > 0$ 为延时性奖励最小值的调节因子，该奖励函数能够根据网络对延时性的要求设置调节因子 λ，因此，可以有效控制延时性信任奖励的范围和递减速度；$path(N_i)$ 表示转发节点 N_i 在证据链中的位置，其取值为 $1 \leq path(N_i) \leq |path(m)|$，$f(y) = \varphi + (1-\varphi)y^2$，$0 < y \leq 1$ 为转发节点可靠性奖励函数，该策略具有递增性 $path(N_i)$ 越大，可靠性信任奖励越高，取值范围 $f(y) \in (\varphi, 1]$，$0 \leq \varphi < 1$ 为可靠度奖励最小值的调节因子，该奖励函数能够根据网络对可靠性的要求设置调节因子 φ，因此，可以有效控制可靠性信任奖励的范围和最小奖励值。综述分析可知，$T_{ji}^{(m)}$ 取值范围为 $(e^{-\lambda} + \varphi)/2 < T_{ji}^{(m)} < 1$，该奖励策略可以根据不同网络场景对延时性和可靠性的要求进行设置，并且保证了信任奖励的最大值为 1，而最小值则依据网络设置的策略决定，这样使得只要成功进行消息转发的节点都能够得到信任奖励，从而可以激励自私节点参与消息转发。图 6-4 给出了 $\lambda = +\infty$ 和 $\varphi = 0$ 时信任奖励度的分布情况。

定义 6-2（信任度） 设 T_{ji} 表示目的节点 N_j 对节点 N_i 携带消息到达能力的信任度，令

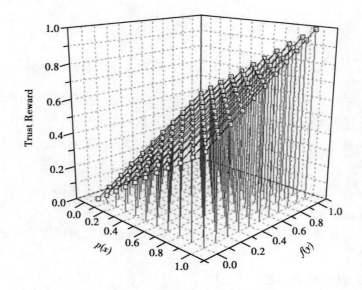

图 6-4   信任奖励度分布情况

$$T_{ji} = \begin{cases} T'_{ji} \times \zeta(t_n,\ t_o), & if\ t_n - t_o > Tw \&\& N_i \notin \Re \\ T'_{ji} + (1 - T'_{ji}) \times T_{ji}^{(m)}, & other \end{cases} \tag{6-3}$$

式中，T'_{ji} 表示节点 N_j 对 N_i 的历史信任度，Tw 表示信任度更新窗口的长度，$\Re$ 为当前窗口内所有携带消息到达 N_j 的节点集合，即当前窗口内收到的所有消息证据链中节点组成的集合。如果在窗口 Tw 内收到了节点 N_i 携带的消息则对节点 N_i 的信任度进行奖励操作，增加其信任度；否则，进行衰减运算降低节点 N_i 的信任度，如果多个更新窗口不携带消息到达其信任度将不断衰减直到 0 为止，衰减性反映了信任度是一个长期不间断积累的过程，只有不断地携带消息才能维持高信任度，从而抑制恶意节点和作弊节点。

函数 $\zeta(t_n,\ t_0) \in (1-\gamma,\ 1)$ 为时间衰减因子，t_n，t_0 分别表示当前时刻和最后信任度更新时刻，如式（6-4）所示，其中 $0 < \gamma \leqslant 1$ 是衰减速度和最小值的调节因子，其值越大，信任度衰减速度越快，反之衰减速度越慢，时间衰减因子充分体现了信任随时间变化而衰减的特性。γ 的大小依据网络状态进行设置，如果在一个安全稳定的网络环境下 γ 可以取较小值，如果网络中存在大量的恶意节点和自私节点则 γ 可以取较大值，从而防止这类节点通过有选择性转发消息积累信任度。同时，该衰减策略能够根据网络的运行时间自动调整衰减速度，当信任度更新间隔 $t_n - t_0$ 相等时，当前时刻 t_n 越大，信任度衰减越慢，因为

随着网络的长期运行节点的信任度逐渐收敛到了一个稳定状态。

$$\zeta(t_n,\ t_0)=1-\frac{(t_n-t_0)\gamma}{t_n} \tag{6-4}$$

推论 6-1 时间衰减性。

证明：假设在任意时间戳 t_1 和 t_2 时刻，且 $t_0<t_1<t_2$，只要证明 $\zeta(t_2,\ t_0)<\zeta(t_1,\ t_0)$，即可证明 $\zeta(t_n,\ t_0)$ 具有时间衰减性。

$$\zeta(t_2,\ t_0)-\zeta(t_1,\ t_0)=1-\frac{(t_2-t_0)\gamma}{t_2}-\left[1-\frac{(t_1-t_0)\gamma}{t_1}\right]=\frac{t_1-t_2}{t_1t_2}t_0\gamma$$

因为时间戳 t_0 和调节因子 γ 是大于 0 的常数，且 $t_1<t_2$，所以上式恒小于 0，即 $\zeta(t_2,\ t_0)<\zeta(t_1,\ t_0)$，命题得证。

利用式(6-1)和式(6-2)目的节点 N_j 经过多个周期的网络运行形成信任向量表 $T_j=(T_{j1},\ T_{j2},\ T_{j3},\ \cdots,\ T_{jn})$，并依据节点携带消息的证据周期性地维护和更新向量表中节点的信任度。可信路由表 TRT 由网络中各节点的行向量组成，其构建依靠节点移动相遇时互换信任向量表迭代完成，如图 6-5 所示当节点 N_i 与节点 N_j 相遇时互相交换各自携带的信任向量表，迭代形成新的可信路由表，这种传染转发方式使得可信路由表迭代较快，为防止转发过程中向量表中节点信任度被恶意篡改，在传输过程采用数字签名和时间戳机制，具有签名的信任向量 $T_{sig_j}=SIG_j\left(H''(T_j\mid TwID)\right)$，$H''(*)$ 为信任向量表和更新窗口 $TwID$ 的哈希函数。如果两个节点包含同一节点的信任向量表 T_k 时，则依据窗口 $TwID$ 判断最新的 T_k 进行更新。由于可信路由表是多次迭代构建，在网络初始阶段存在冷启动问题，为此在初始阶段采用 Epidemic 路由协议实现消息转发。

$$TRT_j=\begin{bmatrix} T_{11} & T_{12} & T_{13} & \cdots & T_{1n} \\ T_{21} & T_{22} & T_{23} & \cdots & T_{2n} \\ T_{i1} & T_{i2} & T_{i3} & \cdots & T_{in} \end{bmatrix} \longleftrightarrow \begin{bmatrix} T_{31} & T_{32} & T_{33} & \cdots & T_{3n} \\ T_{j1} & T_{j2} & T_{j3} & \cdots & T_{jn} \end{bmatrix}=TRT_j$$

$$TRT_j=\begin{bmatrix} T_{11} & T_{12} & T_{13} & \cdots & T_{1n} \\ T_{21} & T_{22} & T_{23} & \cdots & T_{2n} \\ T_{31} & T_{32} & T_{33} & \cdots & T_{3n} \\ T_{i1} & T_{i2} & T_{i3} & \cdots & T_{in} \\ T_{j1} & T_{j2} & T_{j3} & \cdots & T_{jn} \end{bmatrix}=TRT_j$$

图 6-5 可信路由表 TRT 的迭代过程

算法 6-1 可信路由表构建算法。

初始化: 设置 TTL, Tw, λ, φ, γ 参数值;

$\quad\quad\quad \Re = \varphi$;

if N_j 接收到消息 m && m.target == N_j then

$\quad$ 提取信任证据链 m.path;

$\quad$ if m.path 中节点数字签名验证通过 then

$\quad\quad$ 提取消息创建时间 m.timeCreated;

$\quad\quad$ 提取消息接收时间 m.timeReceived;

$\quad\quad$ 计算消息延时时间 Δt = m.timeReceived − m.timeCreated;

$\quad$ for $(i=1; i<=|path(m)|; i++)$ do //对信任链中各节点进行信任奖励

$\quad\quad \Re = \Re \cup \{N_i\}$;

$\quad\quad$ 利用式(6-1)计算信任链中第 i 个节点 N_i 的信任奖励度 $T_{ji}^{(m)}$;

$\quad\quad$ 利用式(6-2)奖励操作更新信任向量表中第 i 个节点 N_i 的信任度 T_{ji};

$\quad\quad$ end for

$\quad$ end if

end if

if $t_n - t_o \geq Tw$ then

$\quad$ 利用式(6-2)衰减运算更新信任向量表中节点 $N_k \notin \Re$ 的信任度 $\boldsymbol{T}_{jk}$;

$\quad \Re = \varphi$;

$\quad Tw$ID++; //增加更新窗口

$\quad$ end if

$\quad$ if N_j 与 N_i 建立了链接 then

$\quad\quad \boldsymbol{TRT}_i \rightarrow N_j$;

$\quad\quad \boldsymbol{TRT}_j \rightarrow N_i$;

$\quad\quad$ while $\forall T_k \in \boldsymbol{TRT}_i \cap \boldsymbol{TRT}_j$ do

$\quad\quad\quad$ if $N_i(\boldsymbol{T}_k).Tw$ID > $N_j(\boldsymbol{T}_k).Tw$ID then

$\quad\quad\quad\quad N_j(\boldsymbol{T}_k) = N_i(\boldsymbol{T}_k)$; //$N_j$update 可信路由表 $\boldsymbol{TRT}$ 中向量 $\boldsymbol{T}_k$

$\quad\quad\quad\quad$ end if

$\quad\quad\quad$ end while

$\quad\quad\quad$ while $\forall T_x \in \boldsymbol{TRT}_i \&\& T_x \notin \boldsymbol{TRT}_j$ do

$\quad\quad\quad\quad N_j$update 可信路由表 $\boldsymbol{TRT}_j = \boldsymbol{TRT}_j \cup T_x$;

```
            end if
        end while
    end if
```

该算法在网络节点信任评估方面相对于已有方法具有较好的及时性和便捷性，仅需要目的节点在收到消息之后提取信任证据对转发节点进行信任评估，形成信任评估向量，不需要额外代价收集信任证据，同时，在消息传递过程中利用数字签名和密钥机制将转发信任证据绑定到消息中，保证了信任证据的安全性和可靠性，有效提高了信任评价的效率和准确性。该算法只有当目的节点收到消息后才对转发节点进行信任度奖励，只需要计算转发节点的延时性奖励和可靠性奖励，并对节点的信任度进行更新，因此，算法对节点的计算能力需求较低。同时，该算法利用泛洪机制将目的节点的最新信任向量广播到网络中，形成或更新节点的可信路由表 TRT，假设网络中有 n 个节点，则每个目的节点中的信任行向量最多有 n 条信任记录，每条信任记录占字节，信任行向量最大占 $2n$ 字节，可信路由表 TRT 最大为 $2n^2$ 字节，假设两个节点在相遇时有 $p\%$ 的行向量需要更新，则每次节点相遇用于更新可信路由表所需流量为的 $2n^2 \times p\%$ 字节，可见节点缓存 B_o 的大小和维护可信路由表所消耗的流量均与网络节点数有关，当 $n = 1000$ 时，只需要大概 2MB 的缓存大小，当 $p = 20$ 时，即每次更新 200 条行向量的信任度，只需要大概 0.4MB 的网络流量，因此，该算法对于中小型网络在空间复杂度和网络性能方面具有较明显的优势。

6.4.4　基于信任的安全路由算法

TOR 路由算法采用有限消息副本转发策略，节点在移动过程中依据目的节点对转发节点的信任度实现消息的转发决策和消息副本数的分割，节点 N_i 在移动过程中遇到了节点 N_k，则首先查找缓存 B_m 是否有携带的消息进行转发，如果存在需要转发的消息集 M，则循环检测消息集中每条消息 $m \in M$，获取消息的目的节点 N_j，然后查找可信路由表 TRT 获取节点 N_iN_k 的信任度 T_{ji}，T_{jk}，按照如下转发策略进行决策。

（1）如果 $T_{jk} > T_{ji}$，则节点 N_i 对消息 m 的副本数 Nc_i 进行分割，将副本数为 Nc_k 的消息 m 转发给节点 N_k，同时更新消息副本数 $Nc_i \leftarrow Nc_i - Nc_k$；否则，当 $T_{jk} \leqslant T_{ji}$ 则节点 N_i 继续携带消息直到遇到信任度更大的节点。消息副本数分割计算如式(6-5)所示，依据节点信任度的比例进行分割，信任度越高转发的副本数越多。

$$Nc_k \leftarrow \left\lceil \frac{T_{jk}}{T_{ji}+T_{jk}} \cdot Nc_i \right\rceil \tag{6-5}$$

（2）在初始阶段如果 T_{jk}，T_{ji} 都不存在，则利用网络中其他目的节点对 N_i，N_k 的综合信任度 $\frac{1}{n}\sum_{p=1}^{n}T_{pi}$，$\frac{1}{n}\sum_{p=1}^{n}T_{pk}$ 作为消息转发的决策依据，即如果 $\frac{1}{n}\sum_{p=1}^{n}T_{pk} > \frac{1}{n}\sum_{p=1}^{n}T_{pi}$ 则节点 N_i 将副本数为 Nc_k 的消息 m 转发给节点 N_k，同时更新消息副本数 $Nc_i \leftarrow Nc_i - Nc_k$，否则继续携带消息；这种情况下，消息副本数分割计算如式（6-6）所示。

$$Nc_k \leftarrow \left\lceil \frac{\frac{1}{n}\sum_{p=1}^{n}T_{pk}}{\frac{1}{n}\sum_{p=1}^{n}T_{pk} + \frac{1}{n}\sum_{p=1}^{n}T_{pi}} \cdot Nc_i \right\rceil \tag{6-6}$$

（3）当 $\frac{1}{n}\sum_{p=1}^{n}T_{pi} = \frac{1}{n}\sum_{p=1}^{n}T_{pk} = 0$，说明网络在冷启动阶段，此时采用 Epidemic 算法实现消息转发，节点 N_i 将消息 m 转发给节点 N_k，不对副本数 Nc_i 进行分割。

算法 6-2 基于信任的安全路由算法。

if N_i 在移动过程中与 N_k 建立链接 then

    if $B_m \neq \varphi$ THEN

        将需要转发的消息添加到集合 M 中；

    end if

    for $\forall m \in M$ do

        从 m.target 得到消息的目的节点 N_j；

        查找可信路由表 $\boldsymbol{TRT}$ 的行向量 $\boldsymbol{T}_j = (T_{j1}, T_{j2}, T_{j3}, \cdots, T_{jn})$，得到 N_iN_k 的信任度 $\boldsymbol{T}_{ji}$，$\boldsymbol{T}_{jk}$；

        if $\boldsymbol{T}_{ji}$ and $\boldsymbol{T}_{jk}$ 都不存在 THEN

            对可信路由表 $\boldsymbol{TRT}$ 的列向量 $\boldsymbol{T}_{*i} = (T_{1i}, T_{2i}, T_{3i}, \cdots, T_{ni})^{\mathrm{T}}$ 进行计算 $\frac{1}{n}\sum_{p=1}^{n}T_{pi}$；

            对可信路由表 $\boldsymbol{TRT}$ 的列向量 $\boldsymbol{T}_{*k} = (T_{1k}, T_{2k}, T_{3k}, \cdots, T_{nk})^{\mathrm{T}}$

进行计算 $\dfrac{1}{n}\sum\limits_{p=1}^{n}T_{pk}$;

> if $\dfrac{1}{n}\sum\limits_{p=1}^{n}T_{pk} > \dfrac{1}{n}\sum\limits_{p=1}^{n}T_{pi}$ THEN
>
>> 利用式(6-6)计算分割的消息副本数 Nc_k ;
>>
>> N_i 将副本数为 Nc_k 的消息 m 副本转发给节点 N_k ;
>>
>> 更新消息副本数 $Nc_i \leftarrow Nc_i - Nc_k$;
>
> else
>
>> if $\dfrac{1}{n}\sum\limits_{p=1}^{n}T_{pi} = \dfrac{1}{n}\sum\limits_{p=1}^{n}T_{pk} = 0$ THEN
>>
>>> N_i 采用 Epidemic 算法将消息 m 的副本转发给节点 N_k ;
>>
>> end if
>
> end if

else

> if $T_{jk} > T_{ji}$ then
>
>> 利用式(6-5)计算分割的消息副本数 Nc_k ;
>>
>> N_i 将副本数为 Nc_k 的消息 m 副本转发给节点 N_k ;
>>
>> 更新消息副本数 $Nc_i \leftarrow Nc_i - Nc_k$;
>
> end if

end if

end for

end if

该路由算法节点只需要查找本地可信路由表 **TRT**，其时间复杂度最大为 $O(|M| \times n)$。该算法消息沿着信任梯度递增的方向传递，只有 $T_{jk} > T_{ji}$ 时转发消息，使得消息到达目的节点的概率越来越高，有效提高了消息传递的成功率。在恶意节点或自私节点抵御方面，由于这类节点长时间不协助转发消息导致其信任度很低甚至为空，因此，利用节点信任度可以剔除了这类恶意节点，有效提高整个网络的安全性和可靠性。

6.5   实验结果分析

本书利用 ONE(opportunistic network environment)模拟器实现了 TOR 路由

算法，并对其性能和有效性进行了验证评估。ONE 模拟器是由芬兰赫尔辛基理工大学专门为 DTN(delay tolerant networks)网络和机会网络开发的网络仿真平台，该平台提供了多种节点移动模型和一些比较典型的路由算法如 Epidemic、SAW(spray and wait)、Prophet 及 MaxProp 等。为了验证 TOR 路由算法的优势，本书与经典的路由算法进行了对比分析。

6.5.1　实验环境设置及性能指标

采用 ONE 模拟器自带的地图作为仿真场景，网络区域设置为 4500m×4500m，网络节点个数为 200，将网络节点分为正常节点、自私节点和恶意节点三类，自私节点只转发熟悉节点的消息，而恶意节点接收到消息包后直接丢弃形成一个黑洞。仿真实验模拟节点 24 小时内的移动和相遇场景，所有节点采用基于最短路径移动模型，其中正常节点移动速度为 0.5~1.5m/s，为了体现恶意节点的破坏能力设置其移动速度为 2.7~13.9m/s，网络消息产生周期 25~35s，共产生 2900 条消息，每条消息大小 512kB，消息生存周期为 30~240min，节点缓存 B_m 设置为 5~60MB，具体仿真环境参数设置如表 6-1 所列。

表 6-1　　　　　　　　　　　仿真环境参数设置

参　　数	取　　值
节点数	200 个
网络区域	4500m×4500m
节点通信半径	10m
消息生成周期	30~240min
交付/接收消息速度	250kB/s
节点缓存空间	5~60MB
节点到达目的节点后停留时间	0~120s
数据分组大小	512kB
初始更新信任表周期	60s
节点缓冲区管理	Random
节点产生消息周期	25~35s
移动模型预热运动时间	100s

性能评价指标包括消息传递成功率、消息平均转发延迟时间、网络交付代

价和平均跳数，消息传递成功率 d_prob 为成功传递的消息数 Num_d 与网络中产生的总消息数 Num_c 的比值，则 d_prob 为

$$d\_prob = \frac{Num_d}{Num_c} \tag{6-7}$$

消息平均转发延迟时间 l_avg 为消息从源节点转发到目的节点的平均消耗时间单位为秒，该指标评估路由算法的延迟性，平均延迟时间越小，表示网络性能越优，设整个网络成功传递的消息结合为 M_d，消息 i 传递消耗的时间为 lT_i，则 l_avg 为

$$l\_avg = \frac{1}{Num_d} \sum_{i \in M_d} lT_i \tag{6-8}$$

网络交付代价 o_ratio 为网络中所有消息副本数 Num_r 减去成功传递的消息数 Num_d 与成功传递的消息数的比值，该指标评估网络的开销情况，交付代价越小表示网络性能越优，o_ratio 为

$$o\_ratio = \frac{Num_r - Num_d}{Num_d} \tag{6-9}$$

平均跳数 h_avg 为消息从源节点到目的节点所传递的节点数，该指标评估转发节点选择的准确性，平均跳数越小表示转发节点选择的准确性越高，设消息 i 传递的节点数为 hc_i，则 h_avg 为

$$h\_avg = \frac{1}{Num_d} \sum_{i \in M_d} hc_i \tag{6-10}$$

6.5.2 仿真结果与分析

在仿真中对各种路由算法参数的设置分别为，TOR 算法的信任更新窗口 Tw 设置为 1800，表示每 30 分钟更新一次路由表，这样，既能够保证路由信息的准确性，又可以降低由于频繁更新路由表产生的通信代价；实验设置延时性奖励调节因子 λ 为 1，可靠度奖励调节因子 $\varphi = 0.3$，信任奖励的最小值为 $(e^{-1} + 0.3)/2 = 0.309$，这样，只要成功参与消息转发的节点至少可以得到 0.309 的信任奖励，而恶意节点由于不参与消息转发致使其信任度为 0，自私节点由于只转发自私社区内的节点导致得不到正常节点的信任奖励，此参数设置既可以区分正常节点的信任等级，又能够有效识别自私节点和恶意节点；时间衰减因子 γ 设置为 0.2，消息最大副本数 $Nc = 10$；Prophet 路由算法采用 ONE 模拟器提供的 Prophet 路由协议，该协议设置的概率变化参数 P_INIT 为 0.75，时间衰

减参数 Gamma＝0.98；SAW 算法同样利用 ONE 模拟器提供的 Spray And Wait 路由协议，协议设置的消息最大副本数为 10，节点相遇时采用副本均分策略。

在实验过程中，通过调整消息生存周期 TTL、节点缓存大小及网络中恶意节点的数量等参数值，来分析 TOR 路由算法与其他路由的性能对比情况。

实验 6-1 消息生存周期的大小对路由协议性能的影响。

实验设置每个节点缓存大小为 5MB，考察消息生存周期的变化对路由协议性能的影响。图 6-6 给出了四种路由算法随着消息生存周期的增加其性能指标的变化情况。由图 6-6(a)(b) 可以看出 TOR 算法较其他算法在消息转发成功率和平均转发延时方面有较明显的优势，TOR 算法受 TTL 变化的影响较小，即使 TTL 为 30min 时其成功率仍达到了 70%，在 TTL 为 120min 时其成功率达到 88.5% 趋于稳定状态，这是因为 TOR 采用了可信节点选择和有限副本转发策略大大提高了转发成功率；而 Epidemic 和 Prophet 算法随着生存周期 TTL 的增加其转发成功率反而降低，这是因为这两种算法采用了无限副本转发策略，由于 TTL 较大随着网络的运行产生了大量消息，导致节点缓存中没有及时转发的消息被删除从而降低了成功率。虽然 SAW 算法随着生存周期 TTL 的增加消息转发成功率趋近于 TOR 算法，但是在消息平均转发延时方面 TOR 算法有较大优势，而其他三种算法随着 TTL 的增加具有明显的增长趋势，在 TTL 为 240min 时 SAW 算法的平均延时达到了 3000s，而 TOR 算法只有 1800s 左右，说明 TOR 算法采用信任机制在转发消息时能够找到一条延时较短的可信转发路径。

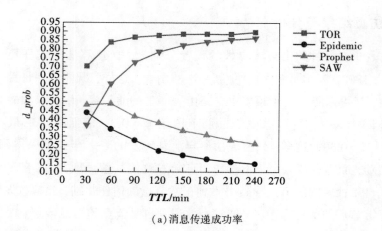

(a)消息传递成功率

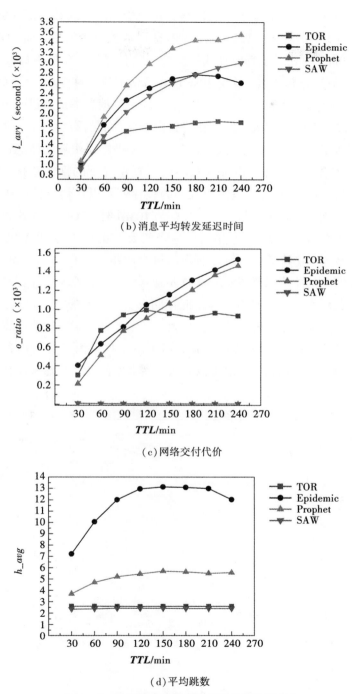

（b）消息平均转发延迟时间

（c）网络交付代价

（d）平均跳数

图 6-6　不同生存周期 TOR 路由的性能对比

由图 6-6(c)(d)可以看出，在网络交付代价和平均跳数方面 SAW 算法效果最明显，这是因为 SAW 算法产生的消息副本数较少所致，而 TOR 算法在 *TTL* 小于 110min 时相对于其他算法网络交付代价稍高。在平均跳数方面 TOR 算法与 SAW 算法比较接近，这是由于 TOR 算法采用了基于信任度递增的方式传递消息，使得每条信任链需要较少的节点即可将消息携带到目的节点。

实验 6-2　考察缓存大小的变化对路由协议性能的影响。

实验设置 *TTL* 为 90min，通过调整缓存大小考察路由算法性能指标的变化情况。图 6-7 给出了四种路由算法在不同缓存情况下的性能指标，由图 6-7(a)(b)可以看出，TOR 算法只需要较小的缓存就可以在消息传递成功率和平均转发时延方面具有较好的性能，当缓存为 10MB 时，TOR 算法就趋于一个稳定状态，成功率达到了 96.3%，平均延迟降低为 1300s，这说明 TOR 算法对缓存空间要求较低，比较适合于缓存有限的机会网络，而 Epidemic 和 Prophet 算法随着缓存空间的增大其转发成功率逐步递增、平均转发延时呈递减趋势，这是由于缓存的增大使得节点有足够空间存储未及时转发的消息副本，提供了更多的转发机会，说明这两种算法对缓存大小的依赖性较强，对于计算能力和缓存空间有限的机会网络效率较低。SAW 算法由于只采用了有限消息副本策略而缺乏转发节点的判断机制，使得该算法对缓存空间要求虽然较小但其效率大大低于 TOR 算法。

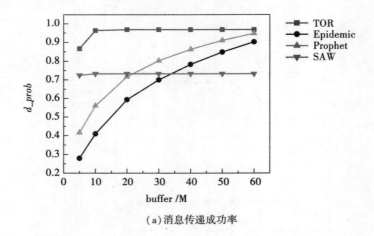

（a）消息传递成功率

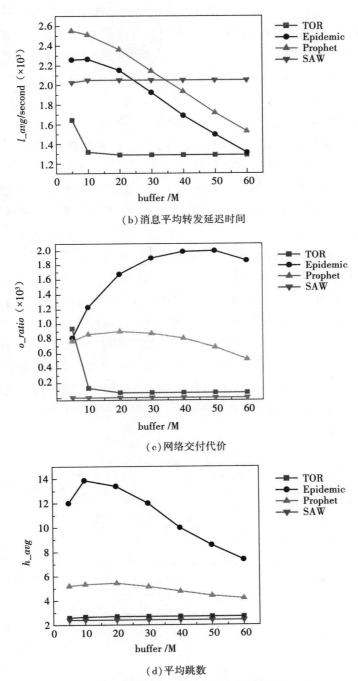

（b）消息平均转发延迟时间

（c）网络交付代价

（d）平均跳数

图 6-7　不同缓存大小 TOR 路由的性能对比

从图 6-7(c)(d)可以看出，随着缓存空间的增加 TOR 算法的网络交付代价大大降低，在缓存为 10MB 时，其交付代价降低到 100 左右，与 SAW 算法比较接近且趋于稳定状态，而 Epidemic 和 Prophet 算法虽然呈现先上升后下降的趋势，但其交付代价仍然较高。在平均跳数方面 TOR 算法和 SAW 算法仍然保持良好的性能。

实验 6-3 考察恶意节点对路由协议性能的影响。

实验设置 **TTL** 为 60min，缓存大小为 20M，将网络中 40 个比较活跃的正常节点变为恶意节点来考察网络性能变化情况。图 6-8 给出了网络存在不同数量的恶意节点时各算法的性能对比，由图 6-8(a)(b)可以看出随着恶意节点数量的增多，四种路由算法的消息传递成功率都呈下降趋势、平均转发延时呈上升趋势，而 TOR 算法在恶意环境下相对于其他三种算法仍然具有较高的成功率，当恶意节点数到达 30 时，其消息转发成功率达到了 84%，即使网络中 40 个活跃节点都变为了恶意节点数，其消息转发成功率达到 60%左右，说明 TOR 算法采用的信任转发策略对网络中的恶意行为具有较好的抵御作用，之所以消息转发成功率降低和平均转发延时升高，是因为网络中起主要传递作用的活跃节点变为了恶意节点后，网络中正常节点稀疏导致的。SAW 算法的消息传递成功率成线性下降趋势明显，说明有限副本转发策略受恶意行为的影响较大，而 Epidemic 和 Prophet 算法在恶意节点数较少时消息转发成功率下降比较缓慢，这是因为无限冗余转发策略本身就具有一定的安全性，可以简单地抵御恶意攻击行为。

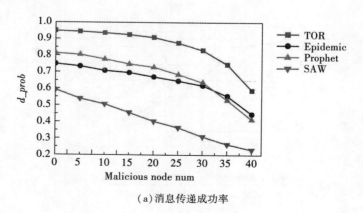

(a)消息传递成功率

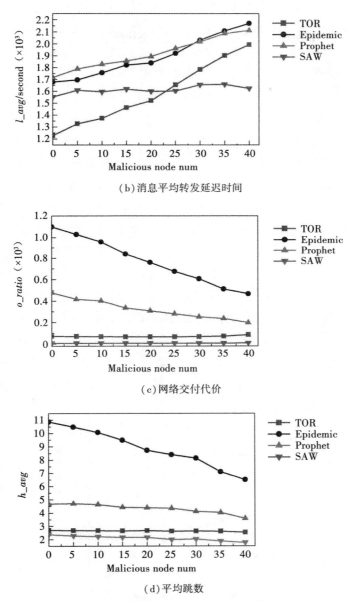

（b）消息平均转发延迟时间

（c）网络交付代价

（d）平均跳数

图 6-8　不同恶意节点数 TOR 路由的性能对比

由图 6-8（c）（d）可以看出，在恶意环境下 TOR 算法仍具有较好的网络交付代价和平均跳数，这是由于 TOR 算法采用的有限副本和信任转发策略既可以有效识别恶意节点，同时，又能够保证选择信任度较高的节点转发消息的缘故。Epidemic 和 Prophet 算法随着恶意节点数的增多，其网络交付代价和平均跳数呈下降趋势，这是因为正常节点稀疏之后整个网络的消息副本数减少的缘故。而 SAW 算法由于采用有限副本转发和平均副本分割策略，使得该算法的网络交付代价和平均跳数仍然保持较高的效率。

实验 6-4 考察自私节点对网络协议性能的影响。

实验设置 *TTL* 为 60min，缓存大小为 20M，将网络中 40 个活跃度较高的正常节点变为自私节点考察对网络性能的影响。图 6-9 给出了不同数量的自私节点各算法的性能对比情况，由图 6-9(a)(b)可以看出，随着自私节点的增加，4 种路由算法的消息传递成功率都呈下降趋势，在平均转发延时方面 TOR 算法呈上升趋势，Epidemic 算法和 Prophet 算法呈先升后降的趋势，TOR 算法较其他 3 种算法有一定的优势，尤其是当自私节点规模小于 20 时保持 91%以上的传递成功率，即使自私节点规模达到 40 时，其传递成功率仍然在 80%左右，说明 TOR 算法采用的信任机制对自私行为具有较好的抑制作用。TOR 算法平均转发延时升高是因为当自私节点增多时正常节点需要花费更长的时间才能遇到下一跳可信的转发节点。而 Epidemic 算法和 Prophet 算法由于对自私行为没有抑制，很多消息在转发过程中生存时间超时被丢弃，成功转发的消息数量减少，致使两种算法在自私节点规模超过 10 时传递成功率和平均转发延时降低比较明显。SAW 算法由于采用两跳转发策略直接将消息传递给目的节点，使得在转发延迟方面受自私行为影响较小。

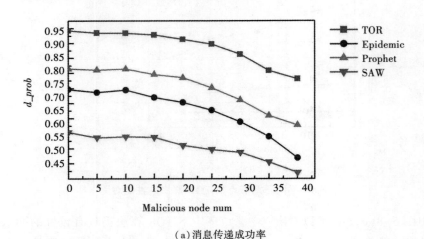

(a)消息传递成功率

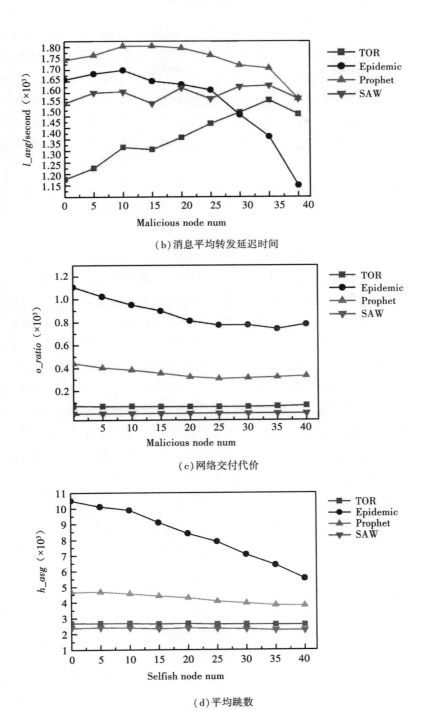

（b）消息平均转发延迟时间

（c）网络交付代价

（d）平均跳数

图 6-9 不同自私节点数 **TOR** 路由的性能对比

　　由图 6-9(c)(d)可以看出，TOR 算法在网络交付代价和平均跳数方面有较明显的优势，这是因为 TOR 算法采用基于信任梯度递增的消息传递策略，只有遇到信任度更高的转发节点时才复制消息，所以基本不受自私行为的影响。Epidemic 和 Prophet 算法随着自私节点规模的增大，其网络交付代价和平均跳数呈下降趋势，这是由于自私节点不参与消息转发使得网络中消息副本总数减少所致。而 SAW 算法性能表现最优，是因为该算法产生的消息副本数最少的缘故。

6.6　本章小结

　　本章提出了一种基于信任机制的机会网络安全路由决策算法 TOR，该算法根据目的节点采集到的信任证据链和消息延时时间等因素，建立了一种节点消息携带能力的信任度评估方法，计算参与消息转发节点的信任度，存储在本地的信任向量表中。信任证据采集主要利用层状硬币模型和数字签名机制，在消息传输过程，将节点的转发证据动态捆绑到消息包上，由消息携带到目的节点，与现有证据采集方法相比，具有较好的及时性和安全性，付出的额外代价较小，比较适用于机会网络这类移动节点转发证据的收集。节点周期性将具有签名和最新更新时间戳的信任向量表利用泛洪方式反馈到网络中，在各个节点迭代形成由多维行向量集组成的只读可信路由表 *TRT*，作为下一跳转发节点选择和消息副本数分割的决策依据，利用签名和时间戳机制，防止信任向量表在反馈过程中被恶意节点篡改，有效地保证了路由表的安全性和可靠性。

参考文献

[1] 李小勇, 桂小林.大规模分布式环境下动态信任模型研究[J].软件学报, 2007, 18(6): 1510-1521.

[2] WANG J, SUN H J. A new evidential trust model for open communities[J]. Computer standards and interfaces, 2009, 31(5): 994-1001.

[3] 李建欣, 怀进鹏, 李先贤, 等.DTM：一种面向网络计算的动态信任管理模型[J]. 计算机学报, 2009, 32(3): 493-505.

[4] 桂小林, 李小勇.信任管理与计算[M].西安：西安交通大学出版社, 2011.

[5] 黄辰林.动态信任关系建模和管理技术研究[D].长沙：国防科学技术大学, 2005.

[6] JØSANG A, ISMAIL R, BOYD C. A survey of trust and reputation systems for online service provision [J]. Decision support systems, 2007, 43(2): 618-644.

[7] DONOVAN A, YOLANDA G. A survey of trust in computer science and the semantic web [J]. Web semantics, 2007, 5(2): 58-71.

[8] LAVRAC N, LJUBIC P, URBANIC T, et al. Trust modeling for networked organizations using reputation and collaboration estimates [J]. IEEE transactions on systems, man and cybernetics part C: applications and reviews, 2007, 33(3) :429-439.

[9] MARSH S. Formalising trust as a computational concept[D]. Scotland：University of Stirling, 1994.

[10] BLAZE M, FEIGENBAUM J, LACY J. Decentralized trust management[C]//

Proceedings of the 17th Symposium on Security and Privacy; Oakland, CA: IEEE Computer Society Press, 1996: 164-173.

[11] 李景涛, 荆一楠, 肖晓春, 等. 基于相似度加权推荐的 P2P 环境下的信任模型[J]. 软件学报, 2007, 18(1): 157-167.

[12] 桂春梅, 蹇强, 王怀民, 等. 虚拟计算环境中基于重复博弈的惩罚激励机制[J]. 软件学报, 2010, 21(12): 3042-3055.

[13] 张洪, 段海新, 刘武. RRM: 一种具有激励机制的信誉模型[J]. 中国科学 E 辑: 信息科学, 2008, 38(10): 1747-1759.

[14] 胡建理, 吴泉源, 周斌, 等. 一种基于反馈可信度的分布式 P2P 信任模型[J]. 软件学报, 2009, 20 (10): 2885-2898.

[15] HOU M S, LU X L, ZHOU X, et al. A trust model of P2P system based on confirmation theory[J]. Operating systems review (ACM), 2005, 39(1): 56-62.

[16] WU X. A distributed trust management model for mobile P2P networks [J]. Peer-to-peer networking and applications, 2012, 5(2): 193-204.

[17] HAQUE M, AHAMED S. An omnipresent formal trust model (FTM) for pervasive computing environment[C]//31st Annual International Computer Software and Applications Conference, COMPSAC 2007, Beijing, China, 2007: 49-56.

[18] MOHAMMAD G U, MOHAMMAD Z, SHEIKH I A. CAT: a context aware trust model for open and dynamic systems[C]//Proceedings of the 23rd Annual ACM Symposium on Applied Computing, SAC'08, Fortaleza, Ceara, Brazil, 2008: 2024-2029.

[19] 甘早斌, 丁倩, 李开, 等. 基于声誉的多维度信任计算算法[J]. 软件学报, 2011, 22(10): 2401-2411.

[20] 李小勇, 桂小林, 毛倩, 等. 基于行为监控的自适应动态信任度测模型[J]. 计算机学报, 2009, 32(4): 664-674.

[21] 李小勇, 桂小林. 动态信任预测的认知模型[J]. 软件学报, 2010, 21 (1): 163-176.

[22] ALMENAREZ F, MARÍN A, DIAZ D, et al. Trust management for multimedia P2P applications in autonomic networking[J]. Ad hoc networks, 2010, 9(4): 687-697.

[23] WANG G, WU J. Multi-dimensional evidence-based trust management with multi-trusted paths[J]. Future generation computer systems, 2011, 27(5): 529-538.

[24] HOFFMAN K, ZAGE D, NITA-ROTARU C. A survey of attack and defense techniques for reputation systems[J]. ACM computing surveys (CSUR), 2009, 42(1): 1-34.

[25] WANG Y, LIN K J, WONG D C, et al. Trust management towards service-oriented applications[J]. Service oriented computing and applications, 2009, 3(2): 129-146.

[26] 鲍宇, 曾国荪, 曾连荪, 等. P2P 网络中防止欺骗行为的一种信任度计算方法[J]. 通信学报, 2008, 29(10): 215-222.

[27] 苗光胜, 冯登国, 苏璞睿. P2P 信任模型中基于行为相似度的共谋团体识别模型[J].通信学报, 2009, 30(8): 9-20.

[28] 张润莲, 武小年, 周胜源, 等.一种基于实体行为风险评估的信任模型[J].计算机学报, 2009, 32(4): 688-698.

[29] TIAN C N, YANG B J. R2trust, a reputation and risk based trust management framework for large-scale, fully decentralized overlay networks[J]. Future generation computer systems, 2011, 27(8): 1135-1141.

[30] ZHOU R F, WANG K. PowerTrust: a robust and scalable reputation system for trusted peer-to-peer computing[J]. IEEE transactions on parallel and distributed systems, 2007, 18(4): 460-473.

[31] OMAR M, CHALLAL Y, BOUABDALLAH A. Reliable and fully distributed trust model for mobile Ad hoc networks[J]. Computers and security, 2009, 28(3/4): 199-214.

[32] JANZADEH H, FAYAZBAKHSH K, DEHGHAN M, et al. A secure credit-based cooperation stimulating mechanism for MANETs using hash chains[J]. Future generation computer systems, 2009, 25(8): 926-934.

[33] JARAMILLO J, SRIKANT R. A game theory based reputation mechanism to incentivize cooperation in wireless Ad hoc networks[J]. Ad hoc networks, 2010, 8(4): 416-429.

[34] JI Z, YU W, LIU K R. A belief evaluation framework in autonomous MANETs under noisy and imperfect observation: vulnerability analysis and

cooperation enforcement[J]. IEEE transactions on mobile computing, 2010, 9: 1242-1254.

[35] KOMATHY K, NARAYANASAMY P. Trust-based evolutionary game model assisting AODV routing against selfishness[J]. Journal of network and computer applications, 2008, 31(4): 446-471.

[36] LI F, WU J. Uncertainty modeling and reduction in MANETs[J]. IEEE transactions on mobile computing, 2010, 9(7): 1035-1048.

[37] VELLOSO P B, LAUFER R P, CUNHA D O, et al. Trust management in mobile Ad hoc networks using a scalable maturity-based model[J]. IEEE transactions on network and service management, 2010, 7(3): 172-185.

[38] 王伟, 曾国荪. 一种基于 Bayes 信任模型的可信动态级调度算法[J]. 中国科学 E 辑: 信息科学, 2007, 37(2): 285-296.

[39] 谭振华, 王兴伟, 程维, 等. 基于多维历史向量的 P2P 分布式信任评价模型[J]. 计算机学报, 2010, 33(9): 1725-1735.

[40] 李勇军, 代亚非. 对等网络信任机制研究[J]. 计算机学报, 2010, 33(3): 390-405.

[41] 李海华, 杜小勇, 田萱. 一种能力属性增强的 Web 服务信任评估模型[J]. 计算机学报, 2008, 31(8): 1471-1477.

[42] CHANG B J, KUO S L. Markov chain trust model for trust-value analysis and key management in distributed multicast MANETs [J]. IEEE transactions on vehicular technology, 2009, 58(4): 1846-1863.

[43] AKBANI R, KORKMAZ T, RAJU G V. EMLTrust: an enhanced machine learning based reputation system for MANETs[J]. Ad hoc networks, 2012, 10(3): 435-457.

[44] WENG J S, SHEN Z Q, MIAO C Y, et al. Credibility: how agents can handle unfair third-party testimonies in computational trust models[J]. IEEE transactions on knowledge and data engineering, 2010, 22(9): 1286-1298.

[45] WANG Y H, SING M P. Evidence-based trust: a mathematical model geared for multiagent systems[J]. ACM transactions on autonomous and adaptive systems, 2010, 5(4): 1-28.

[46] 窦文, 王怀民, 贾焰, 等. 构造基于推荐的 Peer to Peer 环境下的 Trust 模型[J]. 软件学报, 2004, 15(4): 571-583.

[47] LI X, LING L. PeerTrust: supporting reputation-based trust for peer-to-peer electronic communities[J]. IEEE transactions on knowledge and data engineering, 2004, 16(7): 843-857.

[48] 王怀民, 唐扬斌, 尹刚, 等. 互联网软件的可信机理[J]. 中国科学 E 辑: 信息科学, 2006, 36(10): 1156-1169.

[49] 古亮, 郭耀, 王华, 等. 基于 TPM 的运行时软件可信证据收集机制[J]. 软件学报, 2010, 21(2): 373-387.

[50] 卢刚, 王怀民, 毛晓光. 基于认知的软件可信评估证据模型[J]. 南京大学学报, 2010, 46(4): 456-463.

[51] 常俊胜, 王怀民, 尹刚. DyTrust: 一种 P2P 系统中基于时间帧的动态信任模型[J]. 计算机学报, 2006, 29(8): 1301-1307.

[52] WANG Y, LIN K, WONG D C, et al. Trust management towards service-oriented applications [J]. Service oriented computing and applications, 2009, 3(2): 129-146.

[53] 熊永平, 孙利民, 牛建伟, 等. 机会网络[J]. 软件学报, 2009, 20(1): 124-137.

[54] 苏金树, 胡乔林, 赵宝康, 等. 容延容断网络路由技术[J]. 软件学报, 2010, 21(1): 119-132.

[55] 吴越, 李建华, 林闯. 机会网络中的安全与信任技术研究进展[J]. 计算机研究与发展, 2013, 50(2): 278-290.

[56] 李云, 于季弘, 尤肖虎. 资源受限的机会网络节点激励策略研究[J]. 计算机学报, 2013, 36(5): 947-956.

[57] 王博, 陈训逊. Ad hoc 网络中一种基于信任模型的机会路由算法[J]. 通信学报, 2013, 34(9): 92-104.

[58] ZHU H J, DU S G, GAO Z Y, et al. A probabilistic misbehavior detection scheme toward efficient trust establishment in delay-tolerant networks[J]. IEEE transactions on parallel and distributed systems, 2014, 15(1): 22-32.

[59] CHEN I R, BAO F, CHANG M, et al. Dynamic trust management for delay tolerant networks and its application to secure routing[J]. IEEE transactions on parallel and distributed systems, 2014, 25(5): 1200-1210.

[60] CHEN B B, CHAN M C. Mobicent: a credit-based incentive system for disruption-tolerant network[C]. 2010 proceedings IEEE infocom. IEEE, 2010:

1-9.

[61] ZHAO H Y, YANG X, LI X L. CTrust: trust management in cyclic mobile Ad hoc networks[J]. IEEE transactions on vehicular technology, 2013, 62 (6): 2792-2806.

[62] WANG B, CHEN X X. Opportunistic routing algorithm based on trust model for Ad hoc network Ad hoc[J]. Journal on communications, 2013, 34(9): 92-104.